EL CULTIVO
DEL AGUACATE

EL CULTIVO DEL AGUACATE

Jorge García Moreno
Ángel J. Gordillo Rivero

© 2026, Ediciones Mundi-Prensa, un sello de Grupo Paraninfo.

C/ Sierra de Guadarrama 35. Naves 2, 3, 4 y 5
Polígono Industrial San Fernando II,
28830 San Fernando de Henares, Madrid
Teléfono: 914 463 350
clientes@paraninfo.es / www.paraninfo.es

© 2026, Jorge García Moreno y Ángel J. Gordillo Rivero.

Fotografías: Jorge García Moreno y Ángel J. Gordillo Rivero.
Figuras 5.3, 5.5 y 5.6: Istock.
Diseño gráfico e ilustraciones: Marisol Cubero, Jorge García Fernández y Virginia Brun.

Asesor: Alberto Moreno Vega
Editora: Carolina Centeno Díaz

ISBN: 9788484766377
Dipósito legal: M-3453-2026
Impresión: Liberdigital (Casarrubuelos, Madrid)

Impreso en España

Índice

Prólogo

Este libro nace con la intención de ofrecer una visión amplia y actual sobre uno de los frutales tropicales que más relevancia ha alcanzado en la agricultura moderna: el aguacate (*Persea americana*). Pensado como una guía práctica y formativa, este texto combina los fundamentos biológicos y agronómicos del cultivo con las técnicas esenciales de manejo, riego, fertilización y control sanitario.

A lo largo de sus páginas, el lector encontrará un recorrido estructurado y fácil de seguir. Empezamos con la morfología y fisiología del aguacate, así como con las condiciones de suelo y clima necesarias para un óptimo desarrollo del cultivo. Posteriormente, abordamos los métodos de propagación y la selección de materiales vegetales, para continuar con las labores fundamentales de campo: la preparación del terreno, la plantación, la poda, el riego y el abonado.

También se incluyen capítulos dedicados a las principales plagas y enfermedades que afectan al cultivo, con propuestas de control integrado, así como a los procesos de recolección, poscosecha y control de calidad del fruto destinado tanto al consumo directo como a la industria agroalimentaria.

El libro dedica una parte especial al aprovechamiento del aguacate y sus subproductos, mostrando su valor alimentario así como su amplio abanico de usos comerciales, desde la gastronomía y la nutrición hasta su aplicación en el ámbito industrial y medioambiental. Igualmente se presentan las opciones de economía circular y de aprovechamiento integral del fruto —piel, hueso y pulpa— para la elaboración de bioplásticos, cosméticos y biocombustibles.

Esta mirada global permite situar el cultivo dentro de un marco de sostenibilidad y responsabilidad ecológica, alineado con los principios de los Objetivos de Desarrollo Sostenible.

Aunque se apoya en bases técnicas, la obra conserva un tono divulgativo y accesible. El lenguaje es claro, las explicaciones están acompañadas de ilustraciones y fotografías que facilitan la comprensión y cada tema incluye apartados complemen-

tarios para quienes deseen profundizar más. Este equilibrio entre rigor y sencillez convierte el texto en una herramienta útil tanto para agricultores y técnicos del sector como para estudiantes, investigadores o aficionados interesados en la producción frutícola moderna.

En conjunto, *El cultivo del aguacate* representa una síntesis renovada del conocimiento sobre este fruto, que une tradición y evolución, sostenibilidad y desarrollo económico. Su lectura invita a comprender no solo cómo se cultiva el aguacate, sino también la trascendencia ambiental, social y cultural de un alimento que ha sabido evolucionar y que ha pasado de ser un producto minoritario a llegar a los mercados de forma global.

Introducción

Durante las últimas décadas, el cultivo del aguacate (*Persea americana*) ha experimentado una expansión sin precedentes, hasta ser actualmente uno de los agroecosistemas productivos más dinámicos dentro del ámbito nacional de la fruticultura subtropical mediterránea. Su creciente demanda en los mercados internacionales, unido a su alto valor nutricional, versatilidad comercial y capacidad para poder adaptarse a determinados climas y suelos agrícolas en España, especialmente los existentes en la costa tropical granadina, Axarquía malagueña, las huertas valencianas y Canarias, ha situado a este cultivo en una posición estratégica desde un punto de vista agronómico y socioeconómico.

Sin embargo, este notable crecimiento no ha estado exento de retos. La intensificación de las plantaciones, la expansión hacia nuevas áreas productivas, la presión sobre los recursos hídricos, el surgimiento de problemas fitosanitarios emergentes y la necesidad de mantener unos estándares elevados de producción, calidad y sostenibilidad medioambiental, exigen un conocimiento técnico-agronómico cada vez más preciso. En este contexto, el éxito del aguacate dependerá, en gran medida, de comprender adecuadamente las bases biológicas, necesidades fisiológicas y los requerimientos edafoclimáticos de su producción vegetal, así como de aplicar correctamente las prácticas de manejo adaptadas a cada entorno productivo.

El aguacate es un frutal con unas características muy singulares, que lo diferencian claramente de otros cultivos leñosos. Su sistema radicular superficial y altamente sensible a problemas de asfixia, su compleja fenología floral, su dependencia de una polinización eficaz, así como su marcada respuesta frente a las condiciones de riego y nutrición mineral, hacen que su manejo agronómico requiera de un enfoque técnico específico y bien fundamentado. No se trata únicamente de implantar una plantación, sino de diseñar un sistema de cultivo equilibrado, capaz de responder a las exigencias productivas sin comprometer la longevidad del árbol ni la sostenibilidad agrícola y medioambiental.

Desde un punto de vista técnico-agronómico, el aguacate constituye un claro ejemplo de cultivo agrícola donde la interacción entre factores edafoclimáticos y del manejo vegetal propiamente dicho adquiere una relevancia crítica. Suelos mal drenados, temperaturas extremas, vientos persistentes o una gestión inadecuada del riego pueden traducirse rápidamente a pérdidas de producción vegetal, problemas fisiológicos o una mayor incidencia de plagas y enfermedades. Por ello, el conocimiento detallado de las condiciones óptimas de cultivo y de los límites de tolerancia de la especie resulta imprescindible para llevar una correcta gestión en la toma de decisiones a pie de campo.

A esta complejidad técnica se le suma además la necesidad de realizar una correcta selección del material vegetal, donde la elección del patrón y de la variedad condicionará factores clave como son el vigor, las condiciones de adaptación al suelo, la tolerancia frente a patógenos del sistema radicular, la productividad vegetal o la calidad del fruto. En un escenario agronómico dominado por unas pocas variedades comerciales de aguacate, destacando especialmente la variedad 'Hass', cobra especial importancia la diversificación varietal como herramienta para mejorar la resiliencia del sistema productivo y ampliar los calendarios de recolección.

El manejo agronómico del aguacate, lejos de ser estático, ha evolucionado de forma significativa durante los últimos años. Las técnicas de plantación, los marcos de cultivo, la poda, el riego y las estrategias de control fitosanitario, se han ido adaptando a nuevas realidades productivas, edafoclimáticas y normativas. En particular, la incorporación de criterios de manejo integrado y el uso racional de insumos agrícolas se han convertido en pilares fundamentales para garantizar la viabilidad a medio y largo plazo de las explotaciones agrarias destinadas al manejo y aprovechamiento de este cultivo. El riego y la fertilización ocupan un lugar destacado en el manejo del cultivo. El aguacate presenta unas necesidades hídricas elevadas, pero también una elevada sensibilidad tanto al déficit como al exceso de agua. La correcta programación del riego, basada en el conocimiento del suelo, el clima y del estado fenológico de la plantación, resulta determinante para poder asegurar un desarrollo vegetativo equilibrado y una fructificación adecuada. De igual modo, la nutrición mineral debe ajustarse con precisión, evitando desequilibrios que puedan afectar a la producción vegetal o a la calidad del fruto.

El control de plagas y enfermedades constituye otro de los grandes desafíos técnicos del aguacate. La globalización comercial de plantas en general y de frutas en particular, ha favorecido la introducción y dispersión de nuevos organismos nocivos, mientras que las restricciones legales en el uso de productos fitosanitarios obligan a tener que adoptar unas estrategias de manejo más sostenibles a nivel agroambiental. Respecto a esto, las labores de prevención, el monitoreo y la aplicación de técnicas integradas de control se

presentan como herramientas imprescindibles para mantener la sanidad vegetal del cultivo y reducir el impacto medioambiental de las explotaciones.

La fase de cosecha y poscosecha también adquiere una relevancia estratégica, ya que de la misma dependerá en gran medida el valor comercial del producto final obtenido. El aguacate es un fruto climatérico, cuya maduración no se completa en el árbol, exigiendo un conocimiento preciso del momento óptimo de recolección y de las condiciones adecuadas de manipulación, conservación y transporte. La calidad del fruto, tanto desde un punto de vista organoléptico como sanitario, es un factor clave para la competitividad en un mercado cada vez más exigente.

Más allá de su importancia comercial, el aguacate se ha consolidado como un producto con un alto interés nutricional, industrial y medioambiental. El aprovechamiento integral del fruto y de sus subproductos abre nuevas oportunidades en el ámbito de la economía circular, la industria agroalimentaria, la cosmética y la producción de materiales de origen biológico. Estas aplicaciones refuerzan el valor añadido del cultivo y amplían su papel dentro de los ecosistemas agroalimentarios modernos.

La presente obra, escrita por los autores Jorge García Moreno y Ángel J. Gordillo Rivero, responde a la necesidad actual de disponer de una referencia actualizada, rigurosa y práctica sobre el cultivo del aguacate. A lo largo de sus ocho capítulos,

se abordan de una manera sistemática y amena los aspectos fundamentales que intervienen en el desarrollo del cultivo, desde sus bases botánicas y fisiológicas hasta las prácticas agronómicas más relevantes, sin perder nunca de vista la realidad productiva del sector.

El enfoque adoptado por los autores combina el rigor técnico-agronómico con una clara orientación aplicada, facilitando la comprensión de los procesos agronómicos y su traducción a la práctica agrícola. De tal modo, el presente libro es una herramienta útil tanto para técnicos, asesores y productores agrícolas como para estudiantes y profesionales interesados en comenzar o ampliar el conocimiento sobre este gran frutal.

En definitiva, comprender el cultivo del aguacate implica ir más allá de la simple descripción de las técnicas y operaciones agrícolas. Supone también entender el funcionamiento del árbol como un sistema vivo, integrado en un entorno específico y sometido a múltiples condicionantes agronómicos. Solo desde dicha visión global será posible avanzar hacia modelos de producción vegetal más eficientes, rentables y sostenibles, capaces de responder a los desafíos presentes y futuros de la fruticultura subtropical mediterránea.

Alberto Moreno Vega
El asesor editorial:
Ingeniero y Graduado en Ciencias Ambientales
Técnico en Gestión de la Producción Agraria
Junta de Andalucía

Capítulo 1

CARACTERÍSTICAS DEL AGUACATE

Para cultivar aguacate y entender su desarrollo, las posibles enfermedades, el momento óptimo de recolección, etc. conviene conocer las características concretas de la planta y del fruto. Para ello vamos a hacer una revisión de la morfología, la taxonomía, la fenología y la fisiología, así como de las características del suelo y del clima que le son propicios.

1.1. Morfología y taxonomía

Morfología

El fruto del aguacate está formado por:

- El **pericarpio** es la parte del fruto que recubre la semilla. Es la pared del ovario que queda tras la fecundación. El pericarpio sería el ovario fecundado y se divide en tres partes: *exocarpio, mesocarpio* y *endocarpio*.

  - *Exocarpio:* es la piel y parte más externa que protege al fruto. Esta piel o cubierta supone alrededor del 13% del peso total del fruto.
  - *Mesocarpio:* es la denominada pulpa. Se corresponde con la porción comestible y supone la mayor parte del fruto (72%).
  - *Endocarpio:* es una fina capa interna que rodea a la semilla. Recubre al hueso y supone alrededor del 0,3%.

- La **semilla**: es el hueso del fruto. Es una parte muy voluminosa con respecto a la de otros árboles frutales. La semilla ocupa el 14,7% del fruto.

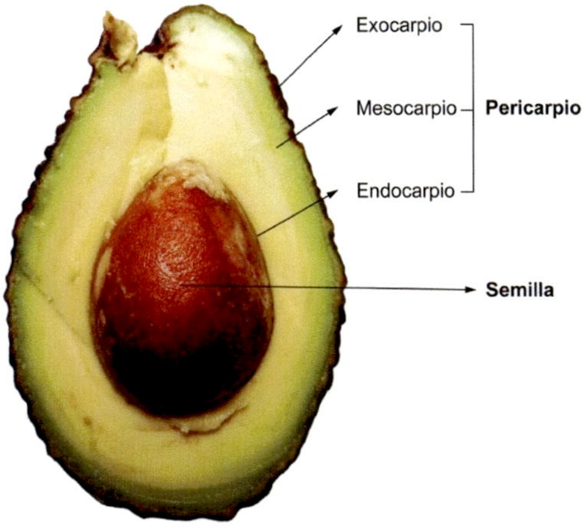

Figura 1.1. Partes del fruto de aguacate.

Taxonomía

Familia: Lauráceas.
Especie: *Persea americana.*
Origen: México, posteriormente se difundió hasta las Antillas.

1.2. Fenología y fisiología

El aguacate es un árbol extremadamente vigoroso (tronco potente con ramificaciones vigorosas), que puede alcanzar hasta los 30 metros de altura.

Figura 1.2. Altura ejemplar de un aguacate variedad *bacon*.

El sistema radicular: sus raíces alcanzan poca profundidad. Es bastante superficial. La mayoría de sus raíces se encuentran en los primeros 30-40 cm y solo un 20% de estas pueden llegar a alcanzar los 1,5 metros de profundidad.

Las hojas: es un árbol perennifolio, de hojas alternas, pedunculadas y de un color verde muy brillante.

Figura 1.3. Detalles del colorido de las hojas de aguacate.

Figura 1.4. Detalles de aguacate en floración y de las flores de aguacate.

Las flores: son flores perfectas en racimos subterminales. El aguacate tiene flores hermafroditas en las que no se produce la autofecundación, puesto que se anula la polinización. Esto es así porque cada flor abre en dos momentos distintos y separados; es decir, los órganos femeninos y masculinos son funcionales en diferentes tiempos, lo que evita la autofecundación. Por esta razón, las variedades se clasifican en dos tipos según el comportamiento de la inflorescencia: A y B. En ambos tipos, las flores abren primero como femeninas, cierran por un período fijo y luego abren como masculinas en su segunda apertura. Esta característica de las flores de aguacate es muy importante en una plantación, ya que, para que la producción sea la esperada, es muy conveniente mezclar variedades adaptadas a la misma altitud, con tipo de floración A y B y con la misma época de floración en una proporción 4:1, donde la mayor población será de la variedad deseada. Cada árbol puede llegar a producir hasta un millón de flores y solo el 0,1% se transforman en fruto, por la abscisión de numerosas flores y frutos en desarrollo.

El fruto: El fruto del aguacate es una baya que deriva de un gineceo unicarpelar y que contiene una sola semilla, es decir, es una baya unisemillada monosperma. Algunos autores la confunden con una drupa debido a que una envoltura de la semilla se confunde con el endocarpio aunque en realidad corresponde a la testa, por lo que el aguacate es una baya monosperma. Tiene forma oval y la superficie puede ser lisa o rugosa. El envero solo se produce en algunas variedades y la maduración del fruto no tiene lugar hasta que este se separa del árbol.

Figura 1.5. Fruto del aguacate. Ilustración de Jorge García.

Figura 1.6. Detalle de los frutos en el árbol.

Los órganos fructíferos: son ramos mixtos, chifonas y ramilletes de mayo. El de mayor importancia es el ramo mixto.

El aguacate es un árbol con una inflorescencia muy espectacular. Su periodo de floración es muy particular porque, aunque cada árbol adulto puede llegar a producir hasta un millón de flores, solo el 0,1% de estas terminará transformándose en frutos comestibles. El resto de las flores caerán, en su mayoría, por abscisión en estado floral o, en menor medida, en pequeños frutos en desarrollo.

Como se ha mencionado anteriormente, es importante recordar que, a lo largo del periodo de floración, estas flores se abren escalonadamente, en dos momentos de tiempo separados. En una primera fase, las flores de un árbol se abren como feme-

Figura 1.7. Inicio de formación de los órganos fructíferos; se empieza a ver el aguacate.

ninas, con su pistilo en modo receptivo al polen de otros árboles. No obstante, los seis estambres de estas flores no están desarrollados, por lo que su polen no puede desarrollar su propio pistilo.

Figura 1.8. Flores del aguacate. Ilustración de Jorge García.

1.3. Características de clima y suelo

La temperatura óptima para el correcto desarrollo del cultivo de aguacate está entre 12 y 30 °C. Es preferible que los terrenos destinados a este cultivo sean zonas donde no predominen fuertes corrientes de aire, ya que es un cultivo que sufre mucho las embestidas del viento. Por ello, en zonas donde se den grandes corrientes es recomendable situar barreras de protección naturales. El viento daña los árboles, causa rotura y heridas en las ramas, caída

de frutos y, durante la floración, reduce mucho el porcentaje de flores polinizadas.

Puede vivir bien en diferentes clases de terreno, siempre que sean profundos y con un buen drenaje, factor este último de gran importancia.

En terrenos en los que se efectúa un abonado racional la profundidad no es tan necesaria; sin embargo, no debe plantarse en suelos con una profundidad menor de entre 80 y 100 cm. En general, se recomiendan suelos ligeros, donde las grandes raíces puedan penetrar y fijarse al terreno.

El pH en el que mejor se desarrolla su cultivo está en torno a 5,5–7 y el suelo preferible es el que disponga de una textura limo-arenosa o arcillo-arenosa. No son aconsejables las texturas muy arcillosas que sean muy pesadas porque estos árboles son muy sensibles a la asfixia radicular, que puede producirse por un posible encharcamiento en este tipo de suelos.

Necesidades hídricas medias

Si los árboles se encuentran en zonas con alternancia de estaciones húmeda y seca, que son las óptimas para el cultivo del aguacate, como sucede en Sudán, durante la estación o periodo de lluvias se desarrolla un crecimiento vegetativo y, en la estación seca, la floración y la fructificación. En este caso, basta con un pequeño aporte de agua. En áreas como Israel y las islas Canarias, solo existe una estación cálida, en la que tienen lugar a la vez la fructificación y el desarrollo vegetativo. En este

Historia del aguacate

El aguacate es un árbol procedente de los territorios mesoamericanos que actualmente ocupan México, Guatemala y países colindantes de Centroamérica, donde se cultivaba y consumía antes de la llegada de las expediciones colombinas en 1492.

- En sus inicios, la propagación y dispersión del aguacate no se dio con mucha facilidad, ya que, debido al gran tamaño y peso de su semilla, la única forma de propagación de la planta era mediante su ingestión y posterior deposición a una cierta distancia del árbol de origen. Este proceso solo podía darse por parte de animales de gran tamaño, propios del Mioceno y Plioceno, la mayoría de ellos ya extinguidos.
  Por ello, la intervención humana se convirtió en necesaria para su propagación y conservación, por lo que, en gran medida, hasta al comienzo del uso del cultivo la planta no se comenzó a propagar.

Figura 1.9. Aguacates de la variedad *hass*.

En cuanto a su origen en España, parece que en Canarias existía una pequeña producción de plantas no injertadas de origen centroamericano y que, ya en la península, las primeras investigaciones surgieron a partir del conocimiento del éxito que había tenido, tanto en el estado de California (EE UU), que desde 1910 había empezado a comercializar fruto cultivado allí, como en países sudamericanos como Chile.

- Concretamente, es a partir de 1954 cuando el cultivo del aguacate avanza en España, gracias al alemán nacionalizado chileno Roger Magdahl, que había trabajado con plantas subtropicales en Chile, y al vasco Luis Sarasola Llanas (Hernani, 1910- Almuñécar 1988), un ingeniero agrónomo formado en Versalles (Francia). Roger Magdahl viajó hasta España para conocer la costa andaluza y comprobar sus posibilidades de producir aguacate. En algún momento de 1954, ambos investigadores se cruzaron y decidieron hacer juntos un viaje por carretera, como cuenta el libro *Historia del aguacate español* (1997), de Julián Díaz Robledo. Estos dos estudiosos y curiosos del cultivo del aguacate se lanzaron a recorrer toda la costa mediterránea española en busca de una zona que reuniera las condiciones idóneas para su cultivo. Es así como empieza la historia del aguacate en España, entre Marbella y Barcelona, siguiendo la carretera nacional 340.
El lugar escogido para el inicio de su cultivo fue Almuñécar. En octubre de 1960, después de una enorme cantidad de pruebas, se enviaron finalmente los primeros aguacates autóctonos a la frutería Sitjar de Barcelona.

Figura 1.10. Suelos de la costa tropical mediterránea entre Málaga y Granada.

Figura 1.11. Árbol en maceta y recién trasplantado al suelo.

caso, el riego debe ser mucho más copioso, pero se tendrá en cuenta que un exceso de humedad es perjudicial para la fructificación.

En general es un cultivo que necesita bastante agua, comparado con otros cultivos. El periodo en el que necesita más agua es en los primeros días de vida de los árboles; se consumen aproximadamente entre 16 y 20 litros semanales por árbol. Esto sucede durante los dos primeros años y siempre que el árbol esté en el terreno; no es lo mismo en el vivero, donde sus exigencias son menores.

Pero una vez que el árbol está enraizado aguanta muy bien la sequía y puede tolerar, según las clases de tierra, hasta 400 miligramos de sal por litro de agua.

Para obtener el máximo rendimiento del árbol los riegos deben ser periódicos (400 m³ / ha y mes). Los riegos más copiosos deben darse cuando los capullos van a abrir y hasta varias semanas después de la fructificación. Mientras la fruta aumenta de tamaño debe regarse una vez cada quince días y puede dejarse de regar al acercarse la madurez.

Se considera más importante una buena distribución de las precipitaciones anuales que la cantidad de agua. La precipitación mínima anual necesaria es de 700 mm bien distribuida.

Para saber más...

Etimología

La palabra *aguacate* viene del náhuatl, que es lengua oficial en México y fue lengua de las civilizaciones aztecas. Se sigue hablando en 15 de las 31 entidades federativas de la República de México, normalmente por la población originaria por ser lengua indígena. De aquí viene la palabra *ahuacatl*, que significa "testículos", por la forma en que cuelgan los frutos de la rama.

Los españoles hicieron el préstamo léxico de *ahuacatl*, creando los nahuatlismos *aguacate* y avocado, esta última una palabra ya conocida, que designaba antiguamente a los abogados.

En portugués se conoce como *abacate*, en alemán se conoció como "fruta de mantequilla". La palabra *guacamole* proviene del náhuatl *aguacate molli*, que significa "salsa de aguacate". También es conocida como *aguaco* o *ahuaca*.

Con este nombre y sus derivados se conoce al fruto de la *Persea americana* en México, Estados Unidos, Centroamérica, el Caribe, España y los países anglófonos y lusófonos.

A su vez, la palabra *palta* proviene del quechua, y es el nombre con el que se conoce también a una etnia amerindia, los paltas, que habitaron en la provincia de Loja (Ecuador) y al norte de Perú. Probablemente, esta región sea el lugar descrito por el Inca Garcilaso de la Vega en sus *Comentarios reales de los incas* de 1605 como la "provincia de Palta", que fue conquistada por Túpac Yupanqui durante su expedición de conquista de la provincia de Cañar. Aparentemente, este es el origen del nombre con el que los incas bautizaron al fruto del árbol *Persea*, traído de la zona norte de su imperio, y también es la época aproximada en la que el árbol llegó de Ecuador a Perú, ya que se sabe que la conquista de las provincias norteñas por Túpac Yupanqui ocurrió entre 1450 y 1475.

Con este nombre se conoce al vegetal de la *Persea* principalmente en Argentina, Bolivia, Chile, Perú y Uruguay. En los escritos españoles se mencionaba esta fruta por primera vez en 1519.

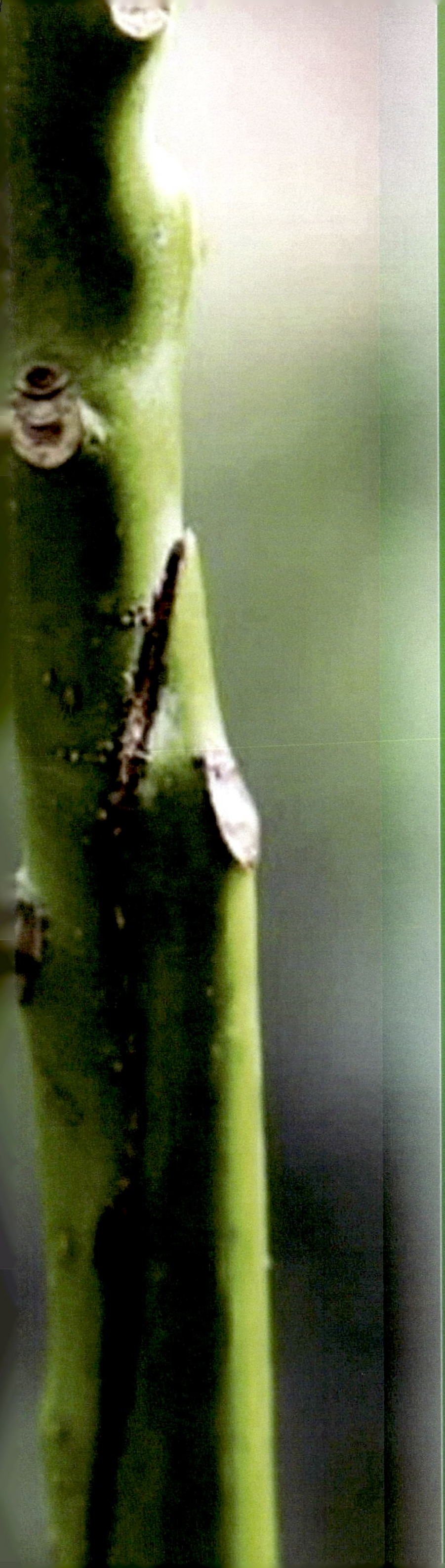

Capítulo 2

MATERIAL Y PROPAGACIÓN VEGETAL

2.1. Material vegetal: patrones y variedades

En todos los cultivos, la búsqueda de nuevas variedades y su mejora se está convirtiendo en una constante, pero, en el caso de los cultivos tropicales, esta búsqueda se está intensificando últimamente debido a su alto rendimiento.

En Estados Unidos destaca la Universidad de California, con la investigadora Mary Lu Arpaia al frente de los estudios.

En España destaca el Instituto de Hortofruticultura Subtropical y Mediterránea "La Mayora" (IHSM La Mayora). Se trata de un grupo de investigación con sede en la Estación Experimental "La Mayora", en Algarrobo-Costa (Málaga), creado de la unión de grupos del Instituto de Hortofruticultura Subtropical y Mediterránea (IHSM), la Universidad de Málaga (UMA) y el Consejo Superior de Investigaciones Científicas (CSIC).

Su principal objetivo es la búsqueda de nuevas variedades que se adapten a las condiciones climáticas adecuadas con el fin de mantener la producción de aguacates durante el mayor tiempo posible y alargar su producción durante todo el año. Actualmente la producción de aguacate en España, principalmente concentrada en la costa de Granada y Málaga, se centra en la variedad *hass*, por lo que hay que buscar alternativas a esta variedad. También se encuentran en Andalucía variedades como *lamb hass* y antiguas plantaciones con las variedades *fuerte* y *bacon*.

Hay más de 50 variedades distintas en el mundo. La mayoría de los cultivos comerciales de aguacate son híbridos. Las principales variedades comerciales son: *bacon, fuerte, gwen, hass* (esta última muy extendida también a nivel internacional), *lamb hass, pinkerton, reed y zutano*.

La figura 2.2 en la siguiente página muestra las principales variedades de aguacates.

Variedad aguacate *hass*

Su nombre viene dado por el apellido de su desarrollador, Rudolph Hass, quien la obtuvo gracias al injerto de diferentes variedades y que la patentó en California en 1935. Es la variedad más extendida en el mercado internacional. Tiene forma ovalada y la semilla no es de gran tamaño, es

Figura 2.1. Variedad *hass*.

		VARIEDADES COMERCIALES					
		HASS	LAMB HASS	REED	PINKERTON	BACON	FUERTE
PIEL	Color	Negro	Negro	Verde	Verde oscura	Verde oscuro	Verde
	Textura	Rugosa	Rugosa	Semirugosa	Semirugosa	Lisa	Lisa
	Grosor	Medio-grande	Medio-grande	Gruesa	Medio-grande	Medio-delgado	Medio
	Facilidad	Muy buena	Muy buena	Buena	Excelente	Débil-buena	Buena-excelente
SEMILLA	Tamaño	Pequeña-media	Pequeña-medio	Medio	Pequeña	Medio-grande	Medio
FRUTO	Peso (gr)	144-344	172-482	230-516	230-516	172-344	172-482
	Forma	Ovada	Ovada cuadrada	Esférica	Piriforme alargada	Ovada	Piriforme
	Raza	Guatemalteca	Guatemalteca	Guatemalteca	Guatemalteca-Mexicana	Mexicana	Híbrido Mexicana-Guatemalteca
	Sabor	Excelente	Muy bueno	Muy bueno	Muy bueno	Bueno	Excelente
Apariencia		Hass	Hass grande	Redondo	Hass cuelludo	Verde Liso	Verde Liso
Aceptación en el Mercado, comparado a "Hass"		Excelente	Muy buena	Buena	Buena	Aceptable	Bueno/aceptable
Cosecha (Inicio)		Noviembre	Mayo	Marzo	Enero	Septiembre	Octubre
Árbol: Productividad		100**	150	150	125	100	75
Hábito de Producción		Algo alternante	Algo alternante	Consistencia alta	Consistente	Algo alternante	Alternante
Tolerancia al Viento		Baja	Alta	Moderada	Alta	Moderada	Alta
Tolerancia a Araña Persea		Baja	Alta	Moderada	Baja	Alta	Alta
Tolerancia al Frío		Aceptable	Aceptable	Aceptable	Aceptable	Buena	Buena
Precocidad (Inicio producción)		2 a 3 años	1 a 2 años	2 años	1 a 2 años	1 año	2 a 3 años
Forma de árbol		Abierta	Erecta	Erecta	Mediano	Erecta	Abierta
Tipo Floral		A	A	A	A	B	B
Meses de Floración		Marzo a Mayo	Marzo a Mayo	Abril a Junio	Enero a Marzo	Febrero a Abril	Febrero a Abril
Postcosecha Vida de Almacenamiento		Buena (+)	Buena (-)	Buena	Excelente	Aceptable	Aceptable
Calidad en Embalaje		Buena	Buena (-)	Buena	Buena	Aceptable	Aceptable
Fotografía descriptiva							

Figura 2.2. Principales variedades de aguacate. Fuente: Viveros Brokaw.

Para saber más...

Producción de aguacate

- Al igual que la mayoría de las especies vegetales y, concretamente, de las explotadas por el ser humano, la producción del aguacate se extiende por una serie de países y zonas geográficas en las que las condiciones edafológicas y climatológicas son idóneas para su crecimiento y desarrollo.

  La producción mundial, en torno a los 5,6 millones de toneladas, está encabezada por México, que suele copar entre el 30–40% de la producción mundial; en el Estado de Michoacán se concentra gran parte de dicha producción, junto con Jalisco y Yucatán.

Chile se sitúa como el segundo país con mayor número de toneladas exportadas. El resto de países a la cabeza del ranking de producción se encuentran, igualmente, en el continente americano.

Indonesia destaca en la producción en el continente asiático.

Siguiendo con datos de producción y exportación, aproximadamente un tercio proviene de un grupo de países formado por Perú, Sudáfrica, España y Holanda.

La cosecha española apenas representa el 2% de la producción mundial, con unas 91.000 toneladas, según datos de la FAO. Sin embargo, a nivel europeo, la producción española representa el 93% de la producción del continente, siendo Málaga y Granada las provincias más destacadas, que acaparan el 88%. Según las últimas previsiones del Ministerio de Agricultura, Pesca y Alimentación (MAPA), la producción española de aguacate, que ha aumentado de manera regular en las últimas décadas, se incrementa cada temporada en un 8% con respecto a la anterior, por lo que llegará a las 96.800 toneladas de fruta.

Es indudable que, en los últimos años, el crecimiento del cultivo del aguacate ha sido sorprendente y notorio, debido a la demanda mundial que mantiene el producto y al alto precio de su venta.

Figura 2.3. Frutos recién recolectados en el campo.

La relevancia adquirida por este cultivo y su expansión hacen que ostente una importancia económica notable y que se haya creado la Organización Mundial del Aguacate (World Avocado Organization). El principal objetivo de esta nueva organización es promover el consumo de aguacates en la Unión Europea, Asia y otras partes del mundo, si bien las previsiones de consumo siguen aumentando y Estados Unidos, Francia o Japón son algunos de los principales importadores del producto.

La Organización Mundial del Aguacate fue fundada en 2016 por los principales países productores de aguacate del mundo, que se reunieron en Berlín en el encuentro frutícola Fruit Logistica con el fin de crear la primera entidad mundial de este fruto. Su sede está en Estados Unidos, pero no para promover el aguacate en este país, ya que Estados Unidos tiene su propio marco legislativo para la promoción del aguacate.

En Europa, Italia se está sumando a la producción de este fruto que en México llaman "oro verde". El foco de cultivo más importante se establece principalmente en Sicilia y abarca alrededor de 260 hectáreas. En Italia se están realizando plantaciones en tierras que fueron abandonadas y que están siendo recuperadas para la implantación de aguacates.

En España, las grandes zonas productoras son Málaga y Granada, con unas 15.000 ha, principalmente las zonas próximas a la costa, así como Canarias, con unas 1.400 ha. En los últimos años, el cultivo del aguacate se está extendiendo por otras zonas de Andalucía en las que nunca se había dado, son los casos de las provincias de Huelva y Cádiz (con unas 1.000 y 800 ha, respectivamente), así como por otras partes de la península, tales como la Comunidad Valenciana (con unas 600–800 ha) o Cataluña. La producción sigue incrementándose en los últimos años.

Figura 2.4. Detalle de plantaciones de aguacate en la localidad El Algarrobo, en la Axarquía, parte oriental de la provincia de Málaga.

En cuanto al tipo de aguacate, las producciones han sido principalmente de aguacate de la variedad *hass* de piel rugosa, con una producción en torno a 51.000 toneladas, así como de la variedad *bacon* de piel verde, con unas 10.000 toneladas de producción.

Para hacernos una idea, los precios durante las últimas décadas han disminuido, sufriendo un importante descenso en los últimos años, siendo notable este decremento del precio entre las campañas 2017/18 y 2018/19 (Asaja Málaga):

Campaña 2017/18:

— Aguacate *hass* piel rugosa, entre 2,6 y 3,16 €/Kg.
— Aguacate *bacon* piel verde lisa , entre1,55 y 2,2 €/Kg.

Campaña 2018/19:

— Aguacate *hass* piel rugosa, entre 2,10 y 2,70 €/Kg.
— Aguacate *bacon* piel verde lisa, 0.80 €/Kg.

La facturación total ha disminuido sensiblemente (Asaja Málaga):

— Aguacate *bacon* piel verde: 10.000.000 €.
— Aguacate *hass* piel rugosa: 114.750.000 €.

La suma son 124.750.000 euros en total en la campaña 2018/19, lo que supone un 12% menos que la campaña de 2017/18, con 142 millones de euros.

- En cuanto a su precio en origen, en marzo de 2020, según publica el Boletín Mensual de Estadística del MAPA, durante el mes de febrero alcanzó los 2,35 euros/kg, lo que supuso un aumento del 6,17% respecto a enero de ese mismo año y del 66,05% en comparación con el mismo mes de 2019.

   Esta tendencia de fluctuaciones sigue en las últimas temporadas, con una horquilla de precios medios para el aguacate en España entre 1,90 y 2,44 euros por kilo para la variedad *hass*. Es notablemente inferior para la variedad *bacon,* con un precio medio de 1,30 euros.

   Para la campaña de 2025/26 se espera un aumento en la producción española en torno al 20-25%, gracias a la temporada de lluvias previas, lo cual hace prever que los precios en mercado no tendrán grandes oscilaciones.

Figura 2.5. Diferentes precios en supermercados.

mediana o pequeña. Su mayor particularidad es que, durante el proceso de maduración, su piel cambia de verde a verde oscuro, llegando finalmente al verde-morado casi púrpura cuando está maduro.

Cuando está maduro, la piel se retira sin gran dificultad. Esta piel es granulosa y fuerte, aunque flexible.

La textura de la pulpa de este aguacate es cremosa y en su uso alimenticio permite llegar a untarse. El 95% de los aguacates que se producen en California para su posterior venta son *hass*. Al ser una variedad tan extendida, se cultiva en innumerables países, lo que hace que esté disponible en los mercados durante todo el año. Pese a su origen estadounidense, los aguacates de este tipo en Europa proceden de Israel.

Figura 2.6. Variedad *bacon*.

Variedad de aguacate *bacon*

Esta variedad tiene menos grasa que el resto de variedades. El hueso es grande y, por tanto, en comparación con el resto de variedades, se aprovecha menos pulpa y su sabor no es tan potente.

Es muy resistente a los vientos y se usa como cortavientos para proteger otras variedades más frágiles. En la provincia de Málaga se está usando mucho últimamente, mezclada con la variedad *hass*. Gracias a su tupida floración favorece la polinización global y, por este motivo, se introduce en las plantaciones de *hass,* colocando 3-4 individuos de *bacon* por hectárea de *hass*.

Al igual que la variedad *hass*, la *bacon* procede también de California. Fue desarrollada por James Bacon a principios del siglo XX.

Su fruto es ovalado, con un sabor intenso y una pulpa amarillenta. Su hueso es de tamaño medio o grande. Al igual que en otras variedades, su color oscurece con la maduración, adquiriendo unos tonos verde oscuros.

Variedad de aguacate *fuerte*

La piel es suave, muy diferente de la del *hass*. Tiene forma similar a una pera y es algo más grande que el *hass*. El hueso es más grande que el de *hass*, pero se aprovecha más la pulpa. El color de la piel, aunque madure, se mantiene verde y el

interior de la fruta también es verdoso. La delicadeza de su piel conlleva una manipulación muy exigente en la industria. Se cultiva principalmente en México, de donde es originario, y en Centroamérica.

En la variedad *fuerte* se produce un fenómeno natural que hace que el árbol produzca piezas sin hueso, de un tamaño mucho menor, aunque igualmente comestibles.

El fruto es de forma alargada, parecido al tamaño de un dedo de unos 6–8 centímetros, la piel es fina y comestible, su pulpa es cremosa y con un color amarillento, aunque el sabor es similar al clásico.

Son aguacates sin hueso porque se produce un aborto de la planta, debido a

Figura 2.7. Variedad *fuerte*.

Figura 2.8. Venta de variedad *fuerte* sin hueso.

flores que no han sido polinizadas. Además de en la variedad *fuerte*, este fenómeno se produce, en menor medida, en las variedades *hass* y *bacon*. Este aborto puede afectar solo a unos frutos, a una rama o a todo el árbol, de ahí que su comercialización sea más complicada. La mejor época para su consumo son los meses de junio, julio, agosto, septiembre y octubre si provienen de la variedad *fuerte*.

Este tipo de formación está teniendo cada vez más demanda, especialmente en el sector hostelero, debido a la facilidad para su manejo en la cocina. Se los denomina comercialmente aguacates sin hueso, aguacates dátil o "cocktail". También pueden recibir el nombre de "aguacates aborto".

Como conclusión, y de forma genérica, se puede decir que, para una finca de gran extensión, una buena gran plantación de aguacates escalonada y espaciada en el tiempo podría ser:

- En primer lugar, la variedad más temprana, que es el aguacate *fuerte*, de piel lisa, con un tiempo de recolección de final de septiembre/octubre hasta diciembre/enero. Es el de mayor calibre, de unos 250 g a 380 g aproximadamente (siempre según temporadas).
- En segundo lugar, le sigue el aguacate *hass*, con una recolección que se extiende desde octubre/noviembre hasta abril/mayo. Su calibre es un poco menor al del aguacate *fuerte*, de unos 240 g a 300 g en su mayoría.
- En tercer lugar, una de las variedades más tardías, el aguacate *lamb lass*, muy parecido al aguacate *hass* en textura y tamaño, pero con una recolección desde mayo a agosto.

Otra variedad muy extendida, que se podría poner entre la *fuerte* y la *hass*, es la *bacon,* aunque su disponibilidad se reduce durante el invierno, a diferencia de la *hass*, que está disponible todo el año.

2.2. Propagación vegetal

Se conoce como propagación vegetal o multiplicación de las plantas a la obtención de nuevos individuos a partir de la planta madre. Es una técnica necesaria en la producción agraria y forestal y se lleva a cabo tanto de forma natural en el propio medio como por intervención del hombre para su aprovechamiento.

Existen dos formas, propagación por semilla (reproducción sexual) y propagación vegetativa (reproducción asexual):

Propagación por semilla (por reproducción sexual)

El aguacate se puede propagar por semilla, pero no es recomendable debido a la gran variabilidad genética que existe en este tipo de propagación. De esta forma, el producto obtenido presenta una gran variabilidad en la producción y en la calidad de los frutos.

Las semillas son los óvulos maduros de las plantas gimnospermas y angiospermas. En ellas se diferencian varias partes:

1. Embrión

El embrión es la futura planta en estado de letargo, es decir, se trata ya de una planta configurada en la misma semilla. De él se desarrollará la nueva plántula cuando se den las condiciones apropiadas. Está formado por:

a) *Cotiledones:* son las hojas seminales o embrionarias. Según el número de cotiledones las angiospermas (plantas con flor) se dividen en "monocotiledóneas", en las que el embrión

Figura 2.9. Semilla de aguacate.

emite un cotiledón —gramíneas, cereales (trigo, caña de azúcar, avena, centeno, arroz, etc.), pastos, cebollas y ajos, aloes, yucas, palmeras, orquídeas, lirios, azucenas—, y "dicotiledóneas", en las que el embrión emite dos cotiledones (son organismos más evolucionados y, prácticamente, comprenden todas las demás plantas con semilla).

b) *La plúmula:* es la parte a partir de la cual se origina la parte aérea de la planta y se sitúa al lado opuesto de la radícula.

c) *La radícula:* es la parte que da origen a la raíz.

2. Tejido de reserva

Es el endospermo; se trata del tejido cuya función es almacenar las reservas alimenticias de las semillas que van a aportar la energía para la germinación.

3. Tegumento o testa

El tegumento o testa puede tener muy distintas texturas y apariencias. Generalmente es duro y está formado por sendas capas, interna y externa, de cutícula, junto con una o más capas que sirven de protección.

Figura 2.10. Vista de la rotura del hueso de aguacate ya plenamente germinado.

Propagación vegetativa (por reproducción asexual)

En la propagación vegetativa la mayoría de la información genética se mantiene en los descendientes. En el caso del aguacate, es el método más apropiado y el que se utiliza para producir plantones comerciales, ya que se consiguen unos árboles comerciales uniformes en cuanto a las características del fruto.

El injerto es una técnica muy delicada en todos los frutales y requiere de gran destreza y experiencia para lograr su éxito. Es la operación por la cual una planta se une a otra planta.

La planta sobre la que se pone el injerto se llama *patrón* (o *portainjerto*) y es la que desarrollará las raíces en el suelo y proporcionará características tanto de vigor y robustez como de resistencia a plagas y enfermedades.

La otra planta, o parte de esta, se llama *variedad* (*injerto*). Generalmente es un fragmento del tallo y es la variedad escogida por las propiedades organolépticas del fruto que queramos obtener.

De forma genérica y para muchos tipos de cultivos, existen muchos tipos de injertos:

- Injertos de **yema**: en escudete o en forma de T, injerto de Forkert, injerto de parche, injerto de ventanilla, injerto de astilla.
- Injertos de **púa/vareta/vástago**: se corta un trozo de rama de más de un año con 2 o 3 yemas y se une al patrón.

Los diferentes tipos de injertos utilizados dependen del tipo de árbol y tienen más o menos éxito en su unión según su afinidad morfológica (diámetro y tejidos semejantes) y su afinidad fisiológica (analogía de cantidad y distribución de savia).

La dificultad del injerto se debe a los componentes oxidantes de la savia, que, al entrar en contacto con el aire, pueden hacer que se oxide la unión injerto-patrón, por lo que se requiere de una ejecución lo más rápida posible.

En el caso del aguacate, es posible injertarlo tanto con púas (más frecuente) como con yema durante dos épocas del año.

El injerto con yemas puede realizarse bien con yema viva, en los primeros días de junio; lo que significa que continuará creciendo hasta que lleguen los meses de agosto/septiembre, bien con yema muerta, durante agosto y septiembre. Esto significa que el injerto permanecerá detenido en el transcurso del invierno y empezará a crecer durante la próxima primavera. Se realiza 6, 7 u 8 meses después de haber sembrado la semilla de lo que será el patrón o portainjerto, cuando la planta tiene uno o dos centímetros, a unos 15–20 cm de la base del patrón.

Como acabamos de mencionar, en el cultivo del aguacate, el método más utilizado para injertar es el de púa. Principalmente, se puede realizar de tres formas:

- Injerto de ***aproximación lateral o de empalme***, el más utilizado. Patrón decapitado en bisel y la vareta también en bisel en sentido contrario.
- Injerto de ***enchape o enchapado lateral***, muy frecuente en frutales tropicales.

Figura 2.11. Detalle de injerto de aproximación.

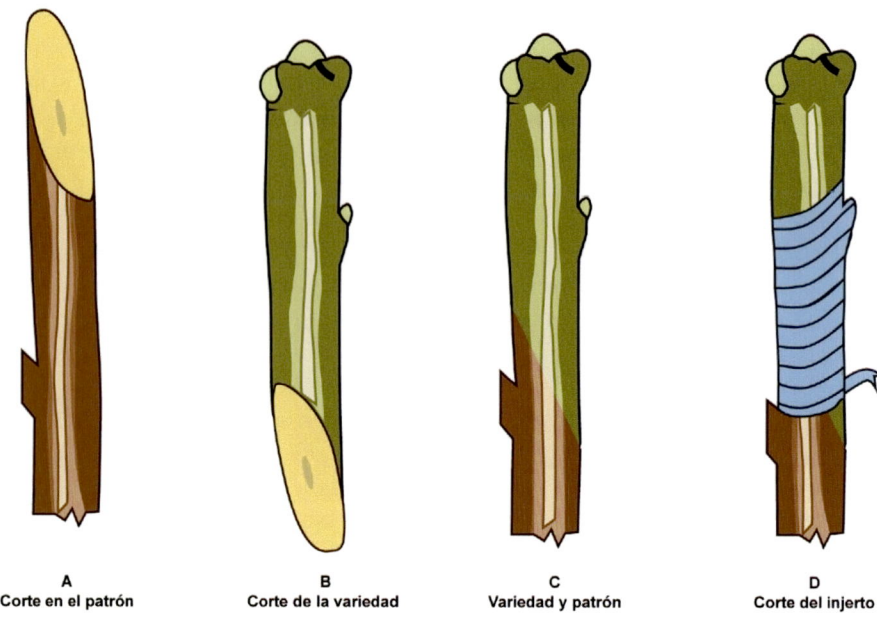

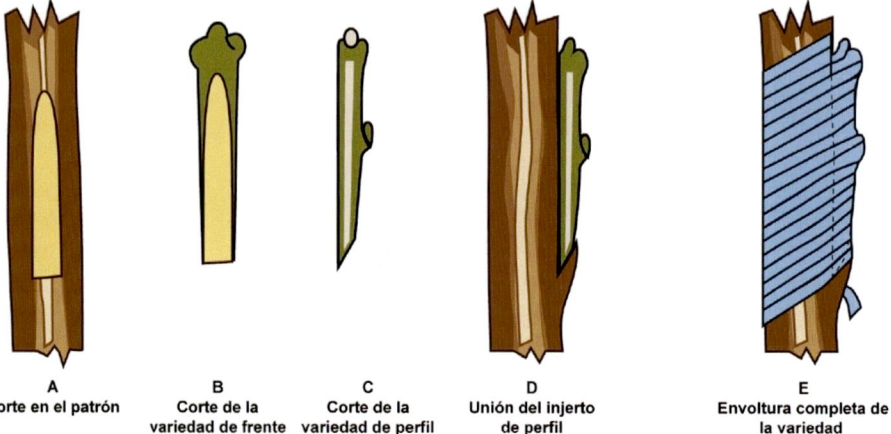

A	B	C	D
Corte en el patrón	Corte de la variedad	Variedad y patrón	Corte del injerto

Figura 2.12. Injerto de aproximación lateral. Ilustración de Marisol Cubero.

A	B	C	D	E
Corte en el patrón	Corte de la variedad de frente	Corte de la variedad de perfil	Unión del injerto de perfil	Envoltura completa de la variedad

Figura 2.13. Injerto de enchapado lateral. Ilustración de Marisol Cubero.

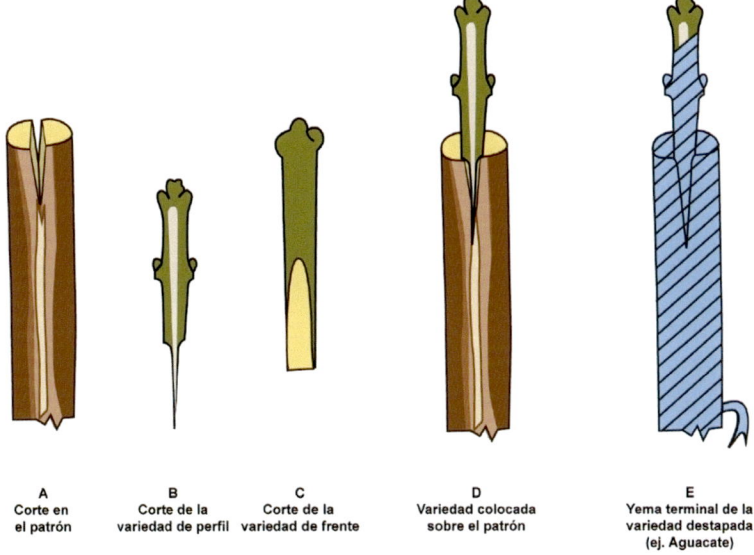

A	B	C	D	E
Corte en el patrón	Corte de la variedad de perfil	Corte de la variedad de frente	Variedad colocada sobre el patrón	Yema terminal de la variedad destapada (ej. Aguacate)

Figura 2.14. Injerto de hendidura de púa terminal. Ilustración de Marisol Cubero.

• Injerto de **hendidura de púa terminal**. Se utiliza en árboles jóvenes poco lignificados. Se decapita al patrón sobre el que se insertará la púa de la variedad que previamente hemos cortado en doble bisel.

Figura 2.15. Plantas jóvenes injertadas listas para su venta y trasplante.

Capítulo 3

PRÁCTICAS CULTURALES

3.1. Preparación y mantenimiento del terreno

Época de plantación

El cultivo del aguacate es propio de zonas cálidas y el periodo de plantación de los árboles jóvenes puede comprender una amplia horquilla temporal, entre los meses de febrero y octubre, dependiendo de la variedad y de las condiciones de la zona. Es muy importante evitar días de temperaturas especialmente elevadas.

Preparación del terreno

Lo primero que debe tenerse en cuenta en la preparación del terreno, aunque parezca obvio, es observar si el terreno tiene mayor o menor pendiente y si ya ha sido cultivado con anterioridad.

Si ya ha sido cultivado con anterioridad, la preparación se limitaría a un control de posibles hierbas adventicias mediante la aplicación de algún herbicida permitido por la normativa existente, así como a las tareas propias de la plantación, por ejemplo, la marcación y la realización de los hoyos.

Si, por el contrario, el terreno no ha sido cultivado son anterioridad, habrá que seguir unos pasos previos a la plantación. El primer paso para la preparación del terreno es mejorar la permeabilidad del suelo y romper, si existieran, las suelas de labor. Para ello, se puede utilizar un subsolador, o arado de grada, según las condiciones previas del suelo. Antes de realizar estas labores es siempre muy importante estudiar la pendiente del suelo, ya que en zonas con pendientes elevadas podríamos provocar pérdidas de suelo por erosión y escorrentías en las primeras lluvias.

Otro paso previo a la plantación sería hacer análisis del suelo y del agua del riego que vamos a utilizar. Así sabremos si el suelo tiene deficiencias de algún elemento y podremos actuar convenientemente, por ejemplo, con el empleo de abonado de fondo o con otros aportes oportunos. Uno de los principales parámetros que hay que analizar es el pH del suelo. Un resultado de análisis de pH en una horquilla entre 5,5 y 6,5 de pH se considera óptimo.

El último paso para la preparación del terreno sería hacer los caballones, que facilitan la aireación de las raíces del árbol.

Una vez preparado el terreno se procederá a la marcación de las posiciones que ocuparán las plantas, tanto las líneas como la distancia entre líneas. Para ello podremos utilizar los propios tutores en los que se apoyarán los árboles jóvenes, aunque en muchas ocasiones vienen ya entutorados desde el vivero.

El inicio del proceso de plantación propiamente dicho consiste en la apertura del hoyo en los lugares establecidos. Esto se puede realizar de forma manual o mecánica. Tendremos que realizarlo con las herramientas adecuadas y, si la apertura de los hoyos se efectúa de forma mecánica, con especial atención, ya que el uso de barrenas mecánicas u otra maquinaria similar puede crear paredes compactadas en el propio hoyo de plantación, o suelas de labor en sus proximidades, lo cual sería negativo para el desarrollo radicular y retrasaría el crecimiento de las plantas.

Para evitar la podredumbre del cuello durante las primeras fases del desarrollo, el plantón se colocará en el hoyo de forma que el nivel del terreno quede al mismo nivel del sustrato que la planta trae del vivero.

Todos estos pasos han de llevarse a cabo teniendo en cuenta que las raíces de este árbol frutal son especialmente delicadas y propensas a problemas, por lo que requieren suelos muy bien drenados, porosos, con buena estructura y con una profundidad de, al menos, entre 0,8 y 1 metro para permitir el desarrollo de un buen sistema radicular.

En cuanto a la textura, el aguacate se adapta a suelos muy variados, desde sue-

los arenosos hasta suelos arcillosos, siempre que su estructura cumpla las características que hemos explicado.

Durante la primera etapa de establecimiento del cultivo, el viento pasa a ser un factor aún más determinante. Los plantones, antes de asentarse completamente, son muy sensibles al volcado, ya que no tienen su sistema radicular lo suficientemente de-

Figura 3.1. Proceso de plantación de un árbol joven.

sarrollado. Es muy recomendable colocar algún tipo de cortavientos y ubicar las plantaciones o árboles en zonas protegidas. El empleo de tutores individuales favorece notablemente el éxito de la plantación.

Otro factor que debe tenerse en cuenta durante el proceso de plantación es el abonado. Hemos de considerar que es un periodo muy delicado para la planta, en el que sufre un gran estrés, por lo que un aporte de abonado durante este proceso podría ser perjudicial.

Para concluir el proceso de plantación es muy importante proteger el plantón de los árboles jóvenes y utilizar para ello una malla específica de protección o, en su defecto, una capa de pintura protectora en las ramas principales.

Inmediatamente después de la plantación es recomendable un riego abundante para tratar de disminuir el estrés hídrico del árbol recién plantado. Los primeros meses tras la plantación habrá que prestar una especial vigilancia a los árboles jóvenes, ya que, al tener un porte pequeño, son especialmente sensibles a la falta de agua y por ello es fundamental mantener su nivel hídrico.

No es conveniente realizar aportes de abonado justo en la fase de plantación, por lo que los aportes necesarios se comenzarán unos 15 días tras la plantación, preferiblemente mediante sistema de fertirrigación.

En capítulos anteriores hemos visto lo extendido que está globalmente el cultivo del aguacate, así como el gran número de variedades e hibridaciones existentes. Esto

Figura 3.2. Árbol joven entutorado.

hace que, además de los puntos que acabamos de ver para la plantación y para los cuidados de establecimiento de cultivo, se planteen cuestiones y diversos factores según la zona geográfica y la variedad que vayamos a plantar.

Como ejemplo, para el establecimiento de plantaciones de la variedad *hass* en el sur de la península ibérica debemos tener presente que en los primeros años del establecimiento en el campo suelen producirse fuertes floraciones. Este exceso de floración puede perjudicar el crecimiento normal del árbol, por lo que se recomien-

da eliminar las panículas florales con el fin de realizar un aclareo en los árboles que presenten una floración excesiva y conseguir que el ejemplar se desarrolle correctamente.

3.2. Marcos de plantación

Al diseñar un sistema de plantación y definir el número de plantas por hectárea deben tenerse en cuenta varios aspectos con el fin tanto de obtener el mayor rendimien-

to posible durante la etapa productiva de la planta como de tener espacio suficiente para realizar las labores de cultivo. Por lo tanto, para definir el número de plantas es muy importante considerar el tamaño del árbol, el vigor de la variedad y del portainjerto y el manejo agronómico de la plantación (riegos, fertilización, enfermedades y manejo de hierbas y malezas).

Así, en función del tipo de árbol, los marcos de plantación empleados son muy variados y dependen de múltiples factores, como el tipo de suelo, la orografía del terreno, las condiciones climáticas de la zona, o la propia variedad cultivada.

Los sistemas de plantación más comunes son el marco real o tradicional y el de a tresbolillo.

Podríamos decir, de forma general, que los marcos de plantación más empleados varían entre los 7 y 10 m entre árbol y árbol, y los 9 y 12 m entre calles, resultando marcos de plantación que oscilan en torno a los 7 × 9 m y los 10 × 12 m. Un marco muy extendido es el de 10 × 10 m.

Aquí se presentan algunos ejemplos con ambos marcos de plantación, con las distancias entre las plantas más usadas y con el número de árboles por hectárea en cada uno de ellos.

— **Distancia entre árboles (metros) 8 × 8**
Número de árboles por hectárea:
Marco real: 156
A tresbolillo: 179

— **Distancia entre árboles (metros) 9 × 9**
Número de árboles por hectárea:
Marco real: 123
A tresbolillo: 141

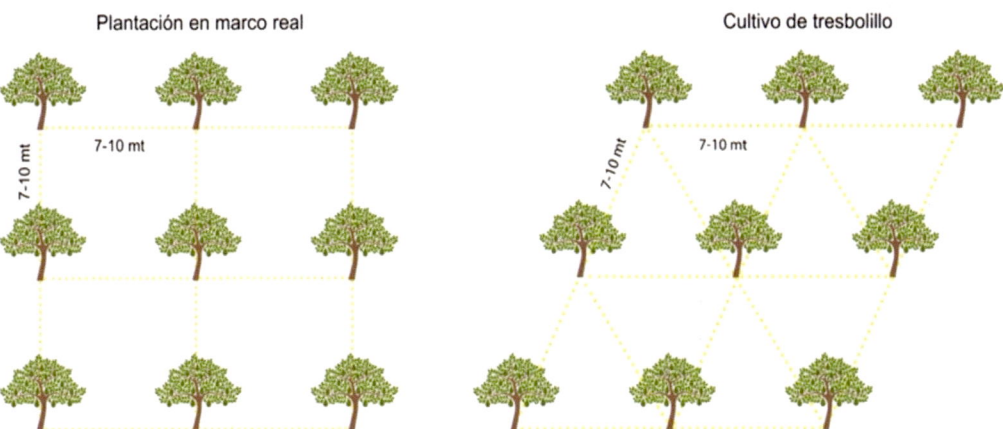

Figura 3.3. Marcos de plantación comunes utilizados para plantaciones de aguacate. Ilustración de Marisol Cubero.

— **Distancia entre árboles (metros) 10 x 10**
Número de árboles por hectárea:
Marco real: 100
A tresbolillo: 115

— **Distancia entre árboles (metros) 11 x 11**
Número de árboles por hectárea:
Marco real: 82
A tresbolillo: 95

— **Distancia entre árboles (metros) 12 x 12**
Número de árboles por hectárea:
Marco real: 69
A tresbolillo: 79

Los marcos tradicionales han ido variando a medida que las explotaciones se han intensificado y actualmente se utilizan marcos con separaciones menores, que permiten un mayor número de árboles por hectárea.

En este sentido, las separaciones entre árboles se reducen hasta los 4 o 5 m, y las de las líneas o calles a distancias de 5 o 6 m, aunque estos marcos son variables según la propia experiencia de cada zona de cultivo y de las condiciones existentes en las mismas.

3.3. Control de las hierbas adventicias (malas hierbas)

Las plantas adventicias, popularmente también conocidas como malas hierbas, se pueden definir como aquellas plantas que crecen en lugares no deseados. El principal problema que conlleva la aparición de plantas adventicias en una explotación agrícola es la competencia por los nutrientes y por el agua disponible en el suelo. Debido a su rápido crecimiento y a su capacidad de diseminación, en muchas ocasiones estas plantas acaban impidiendo el crecimiento de nuestros cultivos.

En el caso del cultivo del aguacate, este no es uno de los principales problemas ya que, al ser un árbol muy frondoso y de una enorme copa, que proyecta una amplia superficie sombreada, se genera poca hierba bajo su copa o se generan especies herbáceas de muy poca altura, ligadas al suelo, que incluso pueden ser beneficiosas para las plantaciones.

Algunas de estas cualidades beneficiosas son:

- Actúan como estabilizadores del suelo controlando la erosión.
- Crean microclimas favorables para los microorganismos del suelo.
- Suministran materia orgánica.
- Constituyen hábitats adecuados para insectos y aves.
- Incrementan la biodiversidad.
- Pueden actuar como reservorio de enemigos naturales frente a posibles plagas o enfermedades.
- Son indicadoras del tipo de suelo o clima.
- Son indicadoras de desequilibrios nutricionales en nuestra parcela agrícola (por ejemplo, la aparición de

plantas como la ortiga, que implica un exceso de nitrógeno, o la verdolaga, que indica que existe un desequilibrio de potasio en el suelo).

- Protegen al cultivo frente a las inclemencias del tiempo.

Por lo tanto, en el caso del aguacate, puede no ser necesario utilizar herbicidas químicos de síntesis. La clave estará en el control, es decir, en evitar el exceso, y no en promover su eliminación total. Buscaremos su presencia en los márgenes de nuestra explotación e incluso en los espacios entre filas de cultivos, pero intentaremos que las plantas adventicias existentes no se conviertan en una competencia para nuestra preciada cosecha.

Unas buenas prácticas de laboreo de los cultivos contribuyen considerablemente al control de plantas adventicias. Simplemente puede lograrse desbrozando una vez al año durante la primavera y los primeros días del verano, que son la mejor época para esa tarea, ya que la vegetación se encuentra en pleno crecimiento y resulta más fácil controlar su expansión. Además, el clima es favorable y las temperaturas son suaves.

![Cubierta vegetal dejada en aguacate adulto]

Figura 3.4. Cubierta vegetal dejada en aguacate adulto durante los meses de diciembre, enero, febrero y marzo. Sirve de protección al suelo los días de lluvia.

Mantener el suelo completamente desnudo y libre de cubierta vegetal puede afectar negativamente porque así aumenta, considerablemente, la erosión y la pérdida del mismo. Por ello es recomendable tener una cobertura de plantas entre las líneas de la plantación. La mejor opción son plantas leguminosas, controlándolas mediante un desbroce e incorporando los restos al suelo. Este tipo de cobertura le aporta nitrógeno al suelo por la fijación biológica del nitrógeno atmosférico a través de la relación simbiótica que se produce entre la bacteria *Rhizobium radiobacter* y la raíz de la planta leguminosa.

que el aguacate, en gran número de variedades, tiende con frecuencia a emitir, cuando es joven, brotes muy verticales, con ángulos de inserción muy cerrados. Por este motivo debe ser atendido en su formación y podría ser necesario eliminar ciertas ramas iniciales de estructura, que a la larga podrían ser perjudiciales. Todo ello independientemente de que con la poda se pudiera retrasar el desarrollo del árbol e incluso tender a enanizarlo.

3.4. Poda y tipos de poda

El aguacate florece y fructifica en grandes panículas muy ramificadas que aparecen en las extremidades de las ramas del año que poseen suficiente madurez. La entrada en producción del aguacate suele producirse a los 2–3 años, por lo que un correcto seguimiento al inicio de la plantación es fundamental.

Poda de formación

Su principal objetivo es la selección de las ramas principales que iniciarán la copa. Si bien es cierto que los árboles de esta especie pueden formar su estructura normal sin ayuda de la poda, también es verdad

Es muy importante eliminar los rebrotes que se producen en la base del patrón durante los dos primeros años. En esos primeros años de formación del árbol pueden aparecer, desde la base del tronco, unos chupones vigorosos que es necesario eliminar porque le restan capacidad al árbol que queremos como principal. Si los dejamos, se puede llegar a perder la variedad, teniendo que volver a injertar para recuperar la variedad deseada.

Figura 3.5. Aguacate adulto finalizada la poda de formación de los primeros años.

Figura 3.6. Eliminación de chupones de la base del tronco.

Poda de fructificación

Es una poda que se traduce en un menor alargamiento de las ramas y en la formación de mayor cantidad de brotes anuales, en cuyas extremidades se presentará posteriormente la fructificación.

Figura 3.7. Detalles de los distintos puntos de poda donde el árbol suele volver a ramificar.

Poda de rejuvenecimiento

Esta poda se hace en ciertos casos, cuando la producción del frutal empieza a decrecer o el árbol presenta partes en muy mal estado. En lugar de optar por arrancar el árbol, este se poda drásticamente para que rebrote.

Se realiza sobre ejemplares muy adultos o enfermos. Son podas muy severas, que pueden producir la muerte del ejemplar. Se recurre a ellas como última opción, con el objetivo de rejuvenecer la estructura de la especie. Deben realizarse siempre en invierno, no importando que afecte a la producción de la floración. Se efectúa sobre las estructuras primarias o secundarias, esperando que las yemas dormidas que se encuentran en los tallos se activen volviendo a producir una nueva estructura principal sobre la que se asentará la nueva copa.

En general, llega un momento en que la producción de los árboles frutales decrece después de varias campañas de haber producido de manera constante. Esto es debido a que la planta, como todo ser viviente, empieza a envejecer. La poda de rejuvenecimiento tiene como objetivo renovar la planta para la entrada en el nuevo ciclo de producción. Consiste en la eliminación de todas las ramas viejas para, de esta forma, promover el desarrollo de ramas nuevas que darán lugar a una nueva copa más joven y vigorosa que la existente y, por consiguiente, una mayor producción de frutos e incremento del rendimiento.

Es una poda muy especial porque se realiza cuando la planta está agotada después de muchas campañas y en un momento en el que su producción ha bajado considerablemente. Es una operación drástica, que deja únicamente las ramas primarias o secundarias, según sea el caso. Este tipo de poda permite renovar la copa del árbol frutal.

La técnica de poda escogida dependerá del tipo de árbol, aunque de una forma genérica lo primero que hay que hacer es una limpieza del ramaje y eliminar todas las ramas secas y enfermas, lo que también nos ayudará a descubrir la parte de madera más sana del árbol, al quedar este más despejado. De esta forma podremos ver las ramas que están perturbando el equilibrio o que han adoptado una dirección incorrecta.

Hay que recordar utilizar herramientas limpias que no hayan sido utilizadas previamente en árboles enfermos. Se trata de evitar la proliferación de enfermedades y realizar el corte de una forma correcta, oblicuo con una inclinación de 45° para evitar crear zonas húmedas donde se pueda acumular el agua de lluvia. Estas posibles zonas húmedas son lugares y hábitats idóneos para parásitos y enfermedades. Del mismo modo, es esencial que el corte sea limpio y sin desgarraduras para así favorecer la cicatrización de la herida.

El punto de corte debe estar a unos 5–10 mm por encima de una yema. Un corte más bajo, muy próximo a la yema, puede hacer que esta se seque. Un corte demasiado alto, dejando mucha rama, puede hacer que el extremo sobrante de la rama se pudra y que esta podredumbre se extienda por el resto del árbol.

Las principales ventajas de la poda de rejuvenecimiento son:

- Se renueva la copa del frutal.
- Incremento de yemas florales hasta en un 90%.
- Con esta poda también se eliminan ramas que puedan estar enfermas o muertas.
- Incremento de la producción hasta en un 80%.

Los principales inconvenientes de la poda de rejuvenecimiento son:

- Si no utilizamos herramientas previamente desinfectadas, podemos transmitir alguna enfermedad a nuestros árboles.

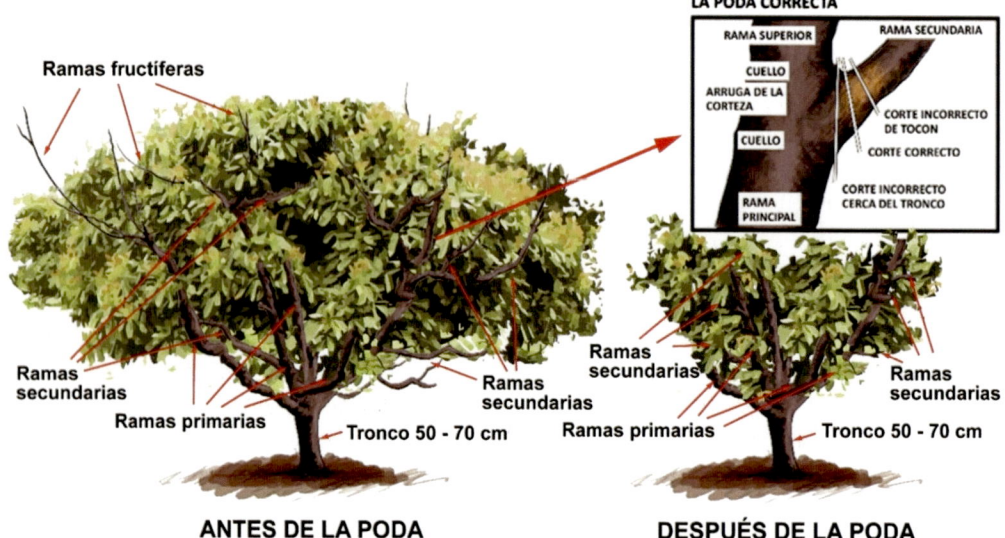

LA PODA CORRECTA

RAMA SUPERIOR

RAMA SECUNDARIA

CUELLO

ARRUGA DE LA CORTEZA

CUELLO

CORTE INCORRECTO DE TOCON

CORTE CORRECTO

CORTE INCORRECTO CERCA DEL TRONCO

RAMA PRINCIPAL

Ramas fructíferas

Ramas secundarias

Ramas primarias

Ramas secundarias

Tronco 50 - 70 cm

ANTES DE LA PODA

Ramas secundarias

Ramas primarias

Ramas secundarias

Tronco 50 - 70 cm

DESPUÉS DE LA PODA

Figura 3.8. Proceso de poda de rejuvenecimiento. Ilustración de Marisol Cubero.

- Mientras brotan las nuevas ramas secundarias y terciarias, así como las yemas, la producción baja considerablemente.

Es muy importante un correcto cuidado a las partes recién cortadas. Una vez realizada la poda, un recurso muy utilizado es cubrir las heridas originadas por los cortes con caldo bordelés para evitar la entrada de enfermedades. El caldo bordelés se utiliza para desinfectar las heridas que quedan en la planta tras la poda. Este producto puede ser adquirido y también puede ser preparado.

Para la preparación del caldo bordelés se mezclan:

- 80 g de sulfato de cobre.
- 300 g de cal hidratada.
- 20 litros de agua.

Hay que remover la mezcla con una cuchara de madera o similar. El preparado adquiere un color celeste, lechoso. El caldo bordelés así preparado tiene que aplicarse en el día, porque no deben quedar restos del mismo. Es importante destacar que, si se quiere preparar mayor cantidad de caldo, las dosis aumentan de forma proporcional.

Como hemos visto, el principal objetivo de la poda de rejuvenecimiento es la estimulación de crecimiento de nuevos brotes o yemas. Aquí ponemos algunos ejemplos de poda de rejuvenecimiento.

Figura 3.9. Imágenes de la formación de chupones tras el recepado.

- *Descabezado:* se corta toda la copa con todas las ramas. Para hacerlo menos traumático, un año se puede cortar una parte y otro la restante.
- *Renovación por injerto*: se injertan púas sobre los cortes de ramas gruesas en lugar de dejar que rebroten.
- *Recepado:* consiste en cortar a ras del suelo. Surgen muchos chupones y se procede a una formación.

3.5. Recolección

El aguacate es un árbol del que se pueden obtener frutos durante gran parte del año. A lo largo de la campaña agrícola la recolección del aguacate oscila en función de la variedad. Hay fruta desde octubre hasta julio. Por un lado, los primeros frutos, que tienen una recolección más temprana, son las variedades de piel lisa *bacon, zutano* y *fuerte*, que se recolectan de octubre a enero. Por otro lado, las variedades de piel rugosa *hass* y *lamb hass* se recolectan de diciembre a julio.

Dentro de esa amplia horquilla temporal, el que sea un fruto climatérico, es decir, que continúa su maduración una vez se recolecta y se separa del árbol, nos permite tener gran libertad para escoger el momento óptimo de la recolección. Por ello, podemos fijarla según el nivel de grasa deseado en el fruto, que nos determina el grado de madurez del mismo, aunque dicho grado de madurez no es fácil de determinar, debido al alto número de variedades y condiciones ambientales y edáficas que se pueden presentar. Esta característica nos permite,

Figura 3.10. Pértiga telescópica para la recolección de fruta. Consta de una amplia bolsa donde se recepcionan los aguacates y una cuchilla en forma de V donde se introduce y se corta el rabillo o pedúnculo.

como consumidores, encontrar aguacate en el mercado durante todo el año.

Las primeras campañas de recolección suelen ser a los cinco años y la producción dependerá de la variedad cultivada así como de las condiciones climatológicas y de cultivo.

A partir de la recolección, variamos las condiciones de almacenaje y transporte para así acceder al consumidor en el momento deseado. Estos factores son de gran importancia en el caso del aguacate, ya que la actividad respiratoria post recolección del fruto es muy elevada e implica una importante pérdida de agua, por lo que el almacenaje suele hacerse en cámaras de atmósfera controlada.

Recolección del aguacate

Semana	Octubre				Noviembre				Diciembre				Enero				Febrero				Marzo				Abril				Mayo				Junio				Julio			
	1	2	3	4	1	2	3	4	1	2	3	4	1	2	3	4	1	2	3	4	1	2	3	4	1	2	3	4	1	2	3	4	1	2	3	4	1	2	3	4
Bacon	🥑	🥑	🥑	🥑	🥑	🥑	🥑	🥑	🥑	🥑																														
Zutano					🥑	🥑	🥑	🥑	🥑	🥑																														
Fuerte									🥑	🥑	🥑	🥑	🥑	🥑	🥑	🥑	🥑	🥑																						
Pinkerton										🥑	🥑	🥑	🥑	🥑	🥑	🥑	🥑	🥑	🥑																					
Hass													🥑	🥑	🥑	🥑	🥑	🥑	🥑	🥑	🥑	🥑	🥑	🥑	🥑	🥑	🥑	🥑												
Reed																					🥑	🥑	🥑	🥑	🥑	🥑	🥑	🥑	🥑	🥑	🥑	🥑	🥑	🥑	🥑	🥑	🥑	🥑	🥑	🥑
Lamb Hass																													🥑	🥑	🥑	🥑	🥑	🥑	🥑	🥑	🥑	🥑	🥑	🥑

Figura 3.11. Línea temporal de la recolección del aguacate. *Fuente:* Viveros Brokaw.

El proceso de recolección propiamente dicho se suele realizar de forma manual, utilizando escaleras, tijeras, y otras herramientas y útiles.

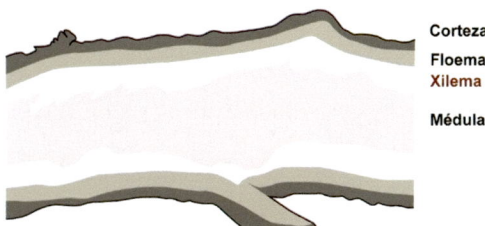

Corteza
Floema
Xilema

Médula

Figura 3.12. Corte transversal de una rama de aguacate. Ilustración de Marisol Cubero.

3.6. Técnica del anillado para inducir la floración

La técnica del anillado se emplea para inducir la floración en el aguacate, lo cual permite obtener cosechas en diferentes épocas.

Las partes que componen el tronco y las ramas son:

- *Corteza:* está formada por tejidos secundarios que protegen. Se renueva continuamente.
- *Floema:* el floema está constituido por los vasos liberianos que hacen circular en un solo sentido, hacia abajo y desde las hojas hasta el resto del árbol, la savia ya elaborada (con el agua y los componentes nutritivos procedentes de la fotosíntesis).
- *Xilema:* el xilema está constituido por los vasos leñosos, que hacen circular el agua y la savia bruta desde las raíces hacia las hojas y, posteriormente, en ambas direcciones.
- *Médula:* es la parte originaria del tronco, la más interior y más vieja. Tiene la función principal de hacer de estructura del árbol.

Con el anillado se pretende cortar principalmente el paso que circula a través

del floema (la savia elaborada de las hojas hacia abajo y resto de la planta). Se realiza efectuando un corte con forma de anillo en alguna rama adulta. El grosor del corte del anillo se debe hacer con cuidado, ya que solo se deben cortar la corteza y el floema, la parte más externa. El cuchillo o elemento cortante que se utilice debe estar desinfectado y limpio.

Figura 3.13. Corte transversal para el anillado. Ilustración de Marisol Cubero.

Figura 3.14. La operación de anillado. Ilustración de Marisol Cubero.

Al realizar el corte del floema estamos provocando que no circulen hacia abajo ni agua ni savia elaborada. Esto favorece que se acumulen en esa zona de la rama, desde el propio corte hacia la parte exterior superior, de forma ascendente hacia las hojas del árbol. De esta forma, se estimula la floración en esa zona superior al corte y la mayoría de sus yemas vegetativas pasan a ser yemas florales cercanas a la floración.

3.7. Polinización con colmenas controladas

Una técnica muy importante para favorecer la polinización es el uso de colmenas controladas. Las flores del aguacate son

muy atrayentes para los diferentes tipos de insectos voladores y, en particular, para las abejas que, gracias a su trabajo, son el principal agente polinizador mediante la instalación y control por parte de los apicultores de la zona de unas colmenas convenientemente distanciadas y situadas en puntos estratégicos.

Figura 3.15. Importancia de las abejas en la polinización del aguacate.

RIEGO
Y FERTILIZACIÓN

4.1. Riego

El aguacate es un cultivo muy polémico en cuanto a la utilización de agua y sus requerimientos hídricos, ya que es una fruta muy exigente en agua. Se trata de uno de los grandes problemas que existen en torno al cultivo porque en las últimas dos décadas, en muchas zonas, ha habido cierto descontrol por el aumento desproporcionado de su producción. Este aumento en la producción unido a la mencionada demanda de agua de este cultivo ha generado que se convierta en un problema. La Organización Mundial del Aguacate (WAO, siglas en inglés) recomienda que para producir 1 kg de este cultivo se empleen alrededor de 600 y 700 litros. Esta es una cifra que puede considerarse muy alta, aunque, dependiendo del cultivo con el que la comparemos, puede resultar no tan elevada, ya que hay cultivos, como el de los frutos secos y legumbres, que son aún más exigentes.

A nivel mundial es un cultivo que se adapta a diferentes zonas climáticas. En gran parte de las zonas donde se cultiva, como en Colombia o México, hay un alto porcentaje de precipitaciones, por lo que muchas veces no es necesario el riego para estas plantaciones.

Como la demanda de agua que requiere el cultivo es enorme, se está trabajando y avanzando en una mejora en el cultivo. Por ejemplo, la mayoría de las plantaciones comerciales de aguacate en Sudáfrica utilizan sistemas de riego eficientes. Incluso en las zonas desérticas los aguacates se cultivan consumiendo agua de forma inteligente. La WAO pone en este sentido como ejemplo el caso de Israel, que utiliza agua desalinizada, y el de Perú, que riega sus aguacates con agua proveniente directamente de la nieve derretida de los Andes.

En Andalucía, la zona de la costa de Granada y Málaga tiene unas características geográficas que le hacen tener un clima tropical único en la Península, muy propicio para el cultivo de aguacates, mangos, litchis y chirimoyos. Desde hace ya unos 200 años, la peculiaridad de la zona es que mantiene unas temperaturas altas y estables durante todo el año, ya que se encuentra protegida por unas cadenas montañosas que se sitúan de forma paralela a la costa mediterránea y retienen la humedad procedente del mar.

La zona del litoral andaluz es de clima mediterráneo, con bajas precipitaciones e, incluso, con algún periodo de sequía. El agua, en esta zona del litoral andaluz, procede principalmente de pozos o embalses y del agua de lluvia. Aún así, la zona se ha saturado de plantaciones de aguacates y, por tanto, el agua es un gran problema. Se trata de un cultivo que se ha incrementado demasiado en pocos años, dada su alta revalorización y sus buenos precios en origen (llegó a máximos en origen de 2,75 euros/kilo en la campaña 2020/21, aunque actualmente el precio es algo menor, como se ha analizado anteriormente). Esta situación, unida a la crisis financiera de la década de 2000, ha provocado una reno-

Figura 4.1. Mezcla de cultivos de aguacates junto a hoteles turísticos en la costa de Almuñécar (Granada).

vación de la casi totalidad de los cultivos más tradicionales de la zona, como son los de cítricos, viña y olivo, sustituyéndose por los de aguacates y mangos. Por lo tanto, ahora nos encontramos con un panorama poco sostenible desde el punto de vista hidrológico. Así, en la actualidad se están buscando soluciones en forma de tuberías subterráneas e instalación de plantas desaladoras.

En este sentido, hay que lanzar campañas de sensibilización y promover entre los agricultores un uso más racional y moderado del consumo de agua, así como animar y apoyar a las administraciones públicas en sus esfuerzos para fomentar el

Figura 4.2. Balsa de agua para el riego en la zona de La Axarquía malagueña.

uso eficiente del agua a través de la tecnología y el control del riego.

En Andalucía hay grandes centros de investigación especializados que estudian continuamente y transfieren sus conocimientos a los agricultores para la correcta gestión y el ahorro de la mayor cantidad de agua posible. En Málaga y Granada, en los últimos años, se disparó el consumo de agua poniendo en serio peligro este recurso. Gracias al asesoramiento del Instituto de Formación Agraria y Pesquera (IFAPA), al esfuerzo de los agricultores y a la innovación tecnológica en el riego, la mayoría de los agricultores consumen ahora menos de 600–700 litros para producir 1 kg

de aguacate. Se espera que la tendencia siga siendo la disminución del consumo de agua buscando la sostenibilidad del cultivo. La extracción de agua del subsuelo depende de las reservas de la zona y está controlada por la Administración; cada agricultor debe tener un contador de agua en su pozo o embalse. En cada comunidad de regantes, se hace un reparto del agua que suele oscilar entre 5.000 y 8.000 metros cúbicos por hectárea.

Existen algunos métodos culturales cuyo uso se está extendiendo. Por ejemplo, el cultivo de la plantación en terrazas o bancales para zonas de gran pendiente, que hace que se aproveche de manera

Figura 4.3. Plantaciones de aguacates en terraza o bancales en Frigiliana (Málaga).

Figura 4.4. Pie de árbol entutorado con goteros regulables en funcionamiento.

más eficiente el agua de lluvia. Así, al cultivar en bancales y estar al mismo nivel, se reducen las pérdidas por escorrentía y lixiviación y se favorece la infiltración del agua, recargando posibles bolsas de agua o acuíferos del subsuelo.

El momento de máxima necesidad de agua en estos árboles se da en sus primeros días de vida y durante los dos primeros años, llegándose aproximadamente a cantidades en torno a los 20 litros semanales por árbol. Una vez que el árbol está enraizado, aguanta muy bien la sequía y la salinidad, en cantidades, según las clases de tierra, de hasta 400 miligramos de sal por litro de agua. Para obtener el máximo rendimiento del árbol los riegos deben ser periódicos (por lo menos de 400 m³/ha y

Figura 4.5. Plantación joven con sistema de riego localizado.

59

Aguacate: superalimento y asesino ambiental

En los últimos años está surgiendo mucha polémica alrededor del cultivo del aguacate. Y es que el aguacate está considerado, no sin razón, como un "superalimento" y posee una imagen constantemente positiva debido a su riqueza nutricional. En la actualidad, muchísimas personas influyentes en las redes sociales y muchas celebridades publican multitud de noticias y libros de cocina relacionados con el aguacate y sus beneficios. Desde hace muchos años, es muy apreciado, en general, por el mundo vegetariano y vegano, que han visto en él una fruta alternativa a la carne y respetuosa con el medio ambiente. A partir de los años 90, su consumo en Europa ha crecido de forma exponencial. Pero este crecimiento masivo ha generado que, en algunas zonas del mundo, por ejemplo, en Chile (una de las principales regiones productoras del mundo), el aguacate se asocie con la escasez de agua, con los abusos contra los derechos humanos y con una cadena logística poco ecológica.

UN AGUACATE AL DÍA, UN PLANETA EN AGONÍA.

Figura 4.6. Ilustración de Virginia Brun.

En Chile, el aguacate siempre se ha cultivado en la provincia de Petorca. Se trataba de una región de pequeños agricultores. No obstante, a partir del boom mundial del aguacate en los años 90, la producción aumentó repentinamente debido al alto beneficio que generaba. Desde entonces, los grandes poseedores de las tierras han dominado el mercado del aguacate en Petorca y necesitan demasiada agua para toda la producción existente. En la zona se pueden llegar a utilizar hasta 1.000 litros de agua para producir un kilo de aguacate. Esta región es una zona que sufre una grave escasez de agua y, con el cambio climático, esto está empeorando aún más. Durante los últimos años, los ríos se están empezando a secar; los camiones cisterna llevan agua potable a parte de la población y las miles de hectáreas de aguacates se riegan con embalses artificiales en grandes explotaciones agrícolas.

En este sentido, en Alemania se ha publicado un reportaje sobre el tema titulado Avocado: *Superfood und Umweltkiller* (Aguacate: superalimento y asesino ambiental), que ha tenido mucha repercusión y está teniendo cada vez más apoyo y aceptación en los últimos años. Desde algunos campos artísticos se está haciendo visible el problema ambiental que puede suponer el consumo de aguacate de forma insostenible (figura 4.6).

Así, muchos organismos ya se están haciendo eco de la problemática ambiental que supone el monocultivo excesivo del aguacate en muchas regiones y se empieza a promover un consumo más responsable y vinculado a la estacionalidad del fruto. Actualmente muchos consumidores eligen consumir de manera responsable, consciente y crítica.

mes). Los riegos más copiosos deben darse durante la fructificación hasta varias semanas después de esta. Mientras la fruta está aumentando de tamaño debe regarse una vez cada quince días y puede dejarse de regar al acercarse la madurez.

En los últimos años, la tecnología está siendo un factor clave para el buen uso del agua y resulta más frecuente ver en muchas fincas el uso de tensiómetros. Los tensiómetros son unos aparatos que se introducen en el terreno y son capaces de medir la humedad de la tierra mediante la lectura de sondas. De esta forma, los agricultores pueden programar de manera más eficiente la aplicación y duración del riego. En este sentido, el centro de investigación IFAPA está realizando en Andalucía importantes estudios para la transmisión de dicha información a los agricultores.

Así, en las plantaciones cada vez es más frecuente la utilización de técnicas de sistemas de fertiirrigación localizados con detectores de humedad, que permiten la aplicación simultánea de agua y fertilizantes con el objetivo de aprovechar los sistemas de riego para aplicar a la planta los nutrientes necesarios de manera eficiente, racionalizando así la cantidad de agua de riego empleada.

4.2. Fertilización y abonado

La fertilización y el abonado del aguacate están sujetos a múltiples cambios de normativa y de dosis de aplicación a lo largo del tiempo, por lo que es aconsejable preguntar en su comunidad y asegurarse antes de realizar cualquier tipo de abonado.

Aquí se pueden observar algunas sugerencias que, a su vez, son susceptibles de cambio. Son solo algunos ejemplos y recomendaciones de alguna casa comercial para el abonado del aguacate

Posible recomendación de abonado de aguacate N-P-K

- Febrero-marzo: 1–1,5 kg/árbol de Nitrofoska Super.
- Junio-julio: 0,5–0,6 kg/árbol de Entec Nitrofoska Especial.
- Septiembre-octubre: 0,5–0,6 kg/árbol de Entec Nitrofoska Especial.

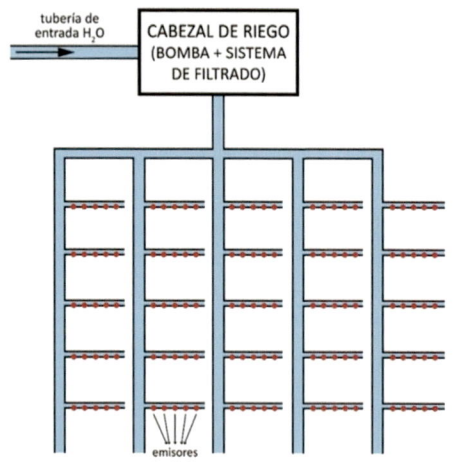

Figura 4.7. Diseño ideal de un sistema de riego por goteo. Ilustración de Marisol Cubero.

TRATAMIENTO VÍA SUELO Y FOLIAR CULTIVO AGUACATE 2015

PRODUCTO	VÍA	MARZO 1	2	3	4	ABRIL 1	2	3	4	MAYO 1	2	3	4	JUNIO 1	2	3	4	DOSIS por aplicación
CODAMIN R.	SUELO		X															5l/ha
CODASAL	SUELO					X				X				X				5l/ha
CODARGON	SUELO	X					X	X			X				X	X		5l/ha
CODACÍTICOS	SUELO				X		X			X	X				X			5l/ha
CODASUL MICRO	SUELO		X												X			5l/ha
NUMAFER	SUELO	X	X	X						X					X			1l/ha
CODABOR	FOLIAR	X				X				X				X				1l/ha
CODAQUEL	FOLIAR	X				X				X				X				3l/ha
CODAMIN 150	FOLIAR	X																3l/ha

PRODUCTO	VÍA	JULIO 1	2	3	4	AGOSTO 1	2	3	4	SEPTIEMBRE 1	2	3	4	OCTUBRE 1	2	3	4	DOSIS por aplicación
CODAMIN R.	SUELO			X														5l/ha
CODASAL	SUELO	X				X				X				X				5l/ha
CODARGON	SUELO		X				X			X	X				X			5l/ha
CODACÍTICOS	SUELO	X				X	X			X				X	X			5l/ha
CODASUL MICRO	SUELO	X																5l/ha
NUMAFER	SUELO	X								X								1l/ha
CODABOR	FOLIAR	X				X				X								1l/ha
CODAQUEL	FOLIAR	X				X				X				X				3l/ha
CODAMIN 150	FOLIAR																	3l/ha
DALGIN	FOLIAR	X												X				3l/ha

Figura 4.8. Tratamiento vía suelo y foliar. *Fuente:* a partir de la casa Entec (de Eurochem), proporcionada por la cooperativa de Estepona (Málaga).

Figura 4.9. Posible recomendación de abonado de aguacate N-P-K. *Fuente:* cooperativa agrícola de Estepona (Málaga).

PLAN DE ABONADO DESDE MITAD DE MARZO HASTA FINALES DE OCTUBRE

NITRATO POTÁSICO	6,5 K/HA Y SEMANA DESDE MITAD DE MARZO HASTA MITAD DE JUNIO
NITRATO AMÓNICO	6 K/HA Y SEMANA DESDE MITAD DE MARZO HASTA MITAD DE JUNIO
NITRATO POTÁSICO	13 K/HA Y SEMANA DESDE MITAD DE JUNIO HASTA FINALES DE OCTUBRE
NITRATO AMÓNICO	8 K/HA Y SEMANA DESDE MITAD DE JUNIO HASTA FINALES DE OCTUBRE

ACIDIFICAR AGUA DE RIEGO CON:	ÁCIDO FOSFÓRICO	HASTA TAMAÑO GARBANZO
	ÁCIDO NÍTRICO	DESDE TAMAÑO GARBANZO HASTA FINAL DE OCTUBRE

TRATAR CON FOSETIL DE ALUMINIO CONTRA PHITOPHTORA. DOSIS SEGÚN ETIQUETA

Figura 4.10. Abonado equilibrado de N-P-K de la marca comercial Nitrofoska.

Abonado rico en potasio

Fuente de potasio para aplicar durante todas las etapas de crecimiento, con nitrógeno nítrico añadido para ser absorbido rápidamente por el cultivo.

Gracias a su formulación en polvo cristalino fino es altamente soluble en agua.

Al contener *nitrógeno* nítrico, esta fuente de nitrógeno no se volatiliza y refuerza la absorción de otros cationes como K^+, Ca^{2+} y Mg^{2+}.

Se puede aplicar tanto por vía radicular como por vía foliar.

Nitrato potásico (13,7 - 0 - 46,3): En fertiirrigación es un producto fertilizante muy utilizado para cubrir las necesidades de potasio. El producto se comercializa en formato sólido, en polvo fino cristalino de color blanco.

La recomendación en fertiirrigación por vía radicular para el aguacate es de 250 a 350 Kg/ha.

Gracias a la baja relación N/K puede ser aplicado en todos los cultivos y estadios, incluidos floración y maduración.

Un síntoma para apreciar una posible falta de potasio en el árbol es cuando en

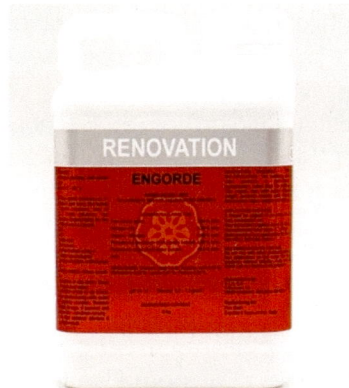

Figura 4.11. Sacos de abonados ricos en potasio de la marca comercial Ultrasol.

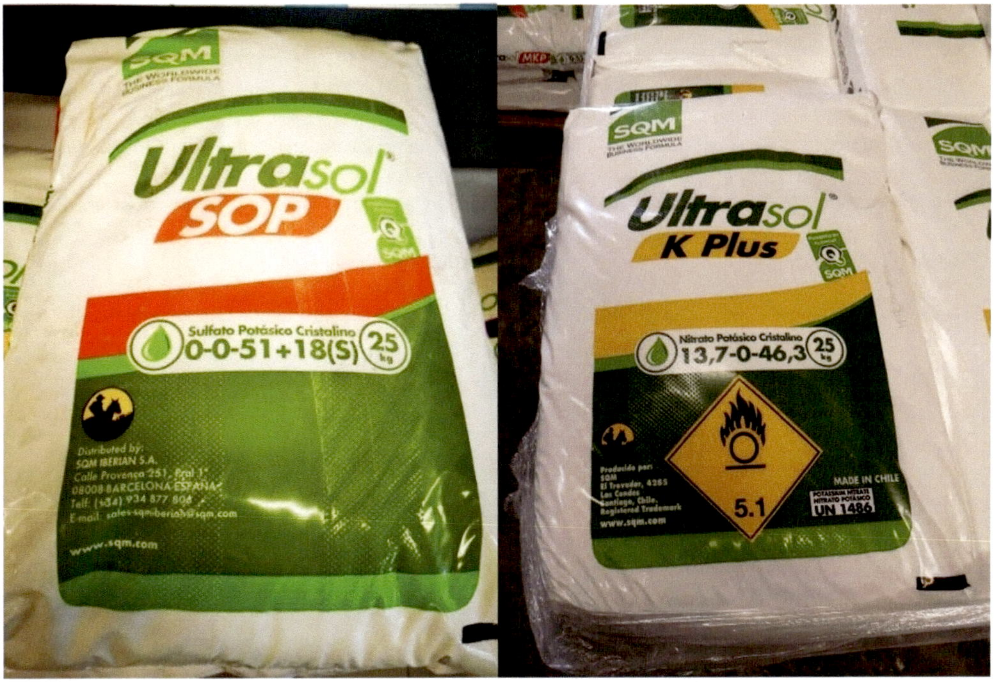

las puntas de las hojas aparece una coloración visiblemente manifiesta de manchas marrones, principalmente en el contorno terminal puntiagudo de la hoja. Para evitar esta parte quemada de las puntas se debe añadir potasio.

Se abonará en todos los riegos, dejando la última media hora para que salga el abono.

Las cantidades de abono son para un caudal de 34.000 litros de agua aproximadamente.

Se puede seguir abonando durante todo el año siempre que las temperaturas lo permitan.

Figura 4.12. *Renovation engorde.* Potenciador y multiplicador celular durante el cuajado y engorde (Agrolaboratorios Nutricionales (ALN)).

RIEGO A	RIEGO B	RIEGO C	SULFATADO
Ácido fosfórico: 8LT	Ácido Nítrico: 11ltro.	Microvital 20ltro.	Manzifort 3cc./L agua
Nitrato Potásico: 17Kg	Nitrato Calcio: 8,5 Kg.	Aminofort 20ltro.	Foliton 2cc./L agua
Sulfato Potásico: 5'5 Kg	Cultifort Mix: 2 Kg	Em-vip control 10lt	Cultiboro pl. 3cc./L agua
Renov. Engor. 500cc		¡Una sola vez al año!	

Figura 4.13. Tratamientos de fitosanitarios en riego. *Fuente:* cooperativa agrícola de Estepona (Málaga).

El *Renovation engorde* solo se utilizará en el abonado A, mezclando todos los productos y luego regando a las 3-4 horas.

El tratamiento en el momento del cuajado de los frutos es una etapa muy importante porque es el momento en el que la flor es polinizada y fecundada y el fruto inicia su formación y desarrollo. Una fructificación adecuada junto a un buen cuajado son un momento clave y fundamental para el cultivo y es el gran desafío de todos los agricultores para obtener un fruto de un calibre correcto.

Según Cultifort.com y la cooperativa agrícola de Estepona, estas son las recomendaciones para un posible tratamiento en el cuaje del aguacate aplicable a cualquier frutal:

1º. Empezando a marcar la flor

— Abono Cultiboro Plus Dosis foliar: 3 cc/l
 Dosis radicular: 4–6 l/ha

Es un complejo de boro con etanolamina y azúcares reductores que promueve la división y elongación celular facilitando el desarrollo de las hojas, del tubo polínico de las flores, la actividad de los meristemos y la lignificación de los tejidos. El boro está relacionado con la división celular.

— Abono Manzifort Dosis foliar: 2,5cc/l
 Dosis radicular: 4–6 l/ha
 Producto muy recomendable al inicio y a lo largo del crecimiento vegetativo debido a la riqueza en contenidos de zinc y manganeso.

2º. Con la flor totalmente abierta

— Abono Cultiboro Plus Dosis foliar: 3 cc/l
— Abono Manzifort Dosis foliar: 2,5 cc/l
 Dosis radicular: 4–6 l/ha

3º. Con el cuaje terminado

— Abono Cultifort Calcio Dosis foliar: 3 cc/l
Dosis radicular: 40–100 l/a.

Mejora la calidad y resistencia de la piel de los frutos. Es un fertilizante líquido con alto contenido en calcio combinado con carbohidratos y materia orgánica que le dan un alto poder de penetración y asimilación para la planta que mejora la estructura y el complejo arcillo-húmico del suelo, ya que favorece el intercambio de iones. Por ello es también un buen corrector de la salinidad en suelos salinos.

Durante el engorde del fruto, que es otra etapa crucial para asegurar una cosecha de calidad y buenos rendimientos, se recomienda un fertilizante rico en potasio, como puede ser una mezcla de *Quantum Engorde* y *Aminogreen 16*. Su uso combinado resalta la calidad y calibre de los frutos, así como una mayor vida poscosecha. *Quantum Engorde* aporta nutrientes y *Aminogreen 16* fortalece a la planta en situaciones de estrés hídrico (Agri-nova Science).

Capítulo 5

PLAGAS
Y ENFERMEDADES

El cultivo del aguacate no es especialmente delicado ni tampoco complicado de manejar en cuanto a plagas y fitopatologías se refiere, por lo que se trata de un cultivo con una buena situación fitosanitaria que ha permitido su producción generando pocos residuos. No obstante, esta situación se ha visto alterada por la llegada de nuevas plagas y enfermedades, consecuencia del movimiento de personas y material vegetal entre distintos países.

Figura 5.2. Agricultor aplicando algún tipo de fungicida.

Figura 5.1. Efecto de rajado de fruto.

5.1. Plagas

Si la plaga de insectos que posees es aún inicial, prueba a retirar manualmente las hojas o los frutos que están afectados. De ese modo evitarás que se propague, pero deberás centrarte en la prevención de plagas para alejar posibles recaídas.

Aunque hay pocos remedios naturales que funcionen contra la mayoría de las plagas, uno de los más sencillos es la pulverización de una mezcla de agua y jabón, de modo que no dañe a la planta pero sí a los insectos. Pulveriza la mezcla sobre las hojas afectadas y los frutos afectados.

Otro método de control natural es mediante una infusión de ajo casera. Hierve varias cabezas de ajo y utiliza el agua restante como insecticida natural. Aunque este remedio funciona especialmente contra el pulgón, puede funcionar también con otros insectos.

Ácaro cristalino (Oligonychus perseae)

El ácaro cristalino (Oligonychus perseae), es originario de México y, a partir de ahí, se ha ido expandiendo por América Central y Estados Unidos. En la península ibérica se presenta inicialmente en 2004 al

Figura 5.3. Ácaro cristalino *(Oligonychus perseae)*.

sur en la provincia de Málaga y posteriormente en el 2006 se introduce en las Islas Canarias. Desde entonces se ha convertido en una de las plagas más importantes del aguacate conociéndose en algunas zonas como el ácaro del aguacate.

Cuando las poblaciones de éste ácaro son importantes provoca la caída de gran parte de las hojas que hace que se queden al descubierto gran parte de los frutos incidiendo sobre ellos la luz directa del sol que producen daños y quemaduras por el exceso de sol.

El ciclo biológico de huevo a adulto suele durar alrededor de unos 21 días con temperaturas de 25ºC. Mayo y junio son los meses donde el ácaro se presenta con mayor comodidad por lo que se recomienda realizar análisis visuales por estas fechas. Se presentan de forma conjunta en nidos los diferentes estados. Los huevos del ácaro son de forma esférica y de color blanquecino y los individuos adultos de esta araña son de color con tonalidades verdes y amarillas. Se presentan los diferentes estados asociados en forma de malla o red a lo largo de los nervios de las hojas. Cuando el ácaro empieza a alimentarse se produce la aparición de manchas necróticas circulares en las hojas.

Figura 5.4. Necrosis y quemaduras en hojas afectadas por el ácaro cristalino.

Como medida de control ecológica se recomienda la suelta de enemigos naturales como fauna auxiliar, los ácaros *Euseius* spp. y *Neoseiulus californicus*. La empresa Koppert está especializada en la venta de estos enemigos naturales.

Una buena práctica cultural para el beneficio de esta fauna auxiliar es mantener la cubierta vegetal con *Oxalis corniculata* (aleluya), *Galium aparine* (amor del hortelano) y gramíneas en general. Actúan como plantas reservorio de depredadores.

Un manejo cultural agrícola beneficioso es plantar en los bordes o entre las calles alguna línea de maíz, ya que incrementa la cantidad de polen disponible como fuente de alimento alternativo para los ácaros depredadores.

Chinche verde *(Nezara viridula)*

La chinche verde es un hemíptero fitófago, es decir, que se alimenta de la savia de las plantas. Es un hemíptero de color verde y además de fitófago es polífago, lo que significa que también puede alimentarse de muchos tipos de plantas hortícolas, como los tomates, pimientos, calabacines, coles, rábanos y hasta de árboles frutales como el aguacate y el mango.

Figura 5.5. Chinche verde en estado adulto *(Nezara viridula).*

Aunque es mucho más común en hortícolas, es una plaga que no se debe olvidar, ya que afecta al fruto con la coloración verde produciendo excrecencias de color violáceo, cerca de la base. Produce la deformación del fruto y detiene el crecimiento a partir de donde haya picado.

Si han picado alguna otra planta enferma previamente, al picar de nuevo transmiten enfermedades y la herida que dejan en la planta puede ser infectada por hongos o bacterias.

Para su control se puede usar aceite de neem por riego, añadiendo de 3 a 4 ml por litro de agua. Se ha de aplicar una vez cada 3 semanas.

Trips *(Tetranychus urticae)*

Los trips son una plaga muy común en la mayoría de las plantas de fruto. En el caso del aguacate que, como se ha mencionado, no suele ser atacado por muchos insectos, es la plaga más común. Se alimentan principalmente de las hojas perforando su epidermis, extrayendo su jugo. Afectan así de manera severa al follaje y causan bastante daño visual y en la producción. Son muy pequeños y, muchas veces, difíciles de observar. Una de sus especies, el *Tetranychus mytilaspidis riley*, tiene un tono rojizo brillante que hará que puedas detectarlo a pesar de su tamaño. No suele ser una plaga devastadora para el árbol, pero cuando los trips son muy numerosos provocan en las hojas un color marrón que le da al árbol un aspecto enfermizo.

Para los trips son muy efectivos los riegos con soluciones de nicotina, así como una emulsión de polvo seco de azufre y cal de azufre. En ambos casos son productos industriales que podemos encontrar en tiendas de fitosanitarios o jardinería.

Mosca de la fruta o *Ceratitis capitata* (Wiedemann)

La mosca de la fruta o del Mediterráneo es una plaga bastante común en todos los frutales de la cuenca mediterránea. Es un insecto originario de África que, en su desarrollo, pasa por una metamorfosis completa de cuatro estados: huevo, larva, pupa y adulto. Su actividad se incrementa con la llegada de la primavera y es en verano cuando produce el mayor daño. Sus pupas pueden permanecer inactivas en invierno si las condiciones climatológicas no son favorables. En condiciones óptimas, su ciclo tarda en completarse entre 21 y 30 días.

Figura 5.6. Mosca de la fruta *(Ceratitis capitata)*.

Sus principales daños se deben a la picadura sobre el fruto efectuada por la hembra en la oviposición. En este momento, se genera una vía de entrada de hongos y bacterias que pueden llegar a descomponer la pulpa. A su vez, las larvas, mientras se alimentan, empiezan a taladrar la fruta hasta perforarla y, al llegar a la pulpa, excavan unas galerías que crían hongos que terminan pudriendo el fruto. Todo esto conduce al deterioro general del árbol y hace que el fruto madure de forma demasiado rápida, llegando incluso a caerse.

Como medidas preventivas y culturales es aconsejable utilizar trampas sexuales y alimenticias (figura 5.7) para el seguimiento de la plaga y determinar el momento del tratamiento. Son trampas que se cuelgan en las ramas y no necesitan mantenimiento.

La trampa clásica es de color amarillo, se coloca colgando del árbol y su interior puede contener deltametrina con un difusor de cebo alimenticio de larga duración. Tiene una duración de unos 180 días y un gran porcentaje de hembras entre las capturas (sobre el 60-70%).

También puede fabricarse una trampa casera reciclando una botella de plástico, que se colocará colgando de las ramas y a la que se le realizarán unos orificios muy pequeños, del tamaño suficiente para que pueda entrar la mosca. Los orificios se harán en la parte superior de la botella y la parte inferior del interior de la botella, la base, se rellenará con unos cuatro dedos de vinagre y dos cucharadas de azúcar. Esto causará la sensación atrayente de ser una fruta podrida.

Figura 5.7. Trampas para la mosca de la fruta: la amarilla clásica y la botella, más casera.

Figura 5.8. Vista de aguacates jóvenes cubiertos individualmente por una malla.

Otras prácticas ecológicas: Una buena manera de controlar estas plagas es a través del *control biológico*, es decir, utilizar los enemigos naturales de estas moscas para eliminarlas de los cultivos.

Algunos organismos de control biológico:

- *Pachycreppoideus vindemmiae*
- *Spalangia cameroni Perkins*
- *Pardosa cribata*
- *Pseudophonus rufipes*

Control químico: Otra forma de erradicación de esta plaga es a través de insecticidas de síntesis específicos para eliminar la mosca de la fruta del mediterráneo, pero esta solución puede ser nociva para otras formas de vida no invasivas.

Gusano enrollador de hojas

Se trata de una palomilla de color café cuyas larvas se alimentan de las hojas, lo que provoca serios daños a la planta. Puedes tratarlo con *Bacillus thuringiensis*, que es una bacteria que se alimenta de los gusanos.

Algunos insectos, como los gusanos o las cochinillas, son difíciles de eliminar con productos naturales. Por ello, se reco-

Figuras 5.9. Diferentes imágenes de un árbol enfermo que aprovechan los insectos para atacar, aquí con una multitud de perforaciones en su tronco por hormigas.

mienda controlarlos mediante pulverizaciones con emulsiones de aceite que podemos encontrar en todas las tiendas de jardinería.

5.2. Enfermedades

Podredumbre radicular o tristeza del aguacate (*Phytophthora cinnamomi Rands*)

Es la enfermedad más importante del cultivo del aguacate y la que produce más daños. El control del hongo *Phytophthora* se convierte en una tarea principal para una buena producción. Los suelos pesados, arcillosos, la compactación del suelo, sumado a una escasa aireación y a un exceso de humedad, son condiciones favorables para la aparición del hongo.

Síntomas: No importa la edad del árbol y afecta tanto a las raíces como a la copa del árbol. Visualmente, en la parte aérea se observa un decaimiento generalizado en las hojas, una tonalidad amarilla de estas y una clorosis que engloba toda la parte aérea. Ya con el árbol muy afectado empieza una destrucción de las raíces sumada a una defoliación globalizada que termina con la muerte del árbol.

Control: Si el suelo está ya muy infectado, es prácticamente imposible eliminar la *P. Cinnamimi*, por lo que las medidas culturales de prevención sobre las plantaciones son muy importantes.

Control cultural:

- No regar por aspersión creando un microclima favorable a las condiciones del hongo.
- Cuidar la compactación del suelo, mantenerlo siempre aireado.
- Añadir compost orgánico que mejore la estructura de los suelos muy pesados.

Los hongos de la familia *Botryosphaeriaceae* causan múltiples daños en los aguacateros.

Los síntomas más característicos son principalmente:

- Chancros en troncos y ramas y pudriciones en el fruto. Los chancros son la formación de unos bultos que impiden que la savia circule bien por la planta. Son provocados por bacterias y hongos que pueden llegar a provocar la muerte de la planta.
- Necrosis descendente en ramas e inflorescencias. Se produce una muer-

Figura 5.10. Síntomas aéreos de *Phytophthora cinnamomi* y *Botryosphaeriaceae* spp. (seca de ramas)

te del árbol. Se va secando desde el ápice, avanzando en sentido descendente y de forma progresiva; se llega a la muerte o necrosis descendente de las ramas, afectando también a inflorescencias y hojas.

Las medidas que deben aplicarse para el control de estos patógenos tienen carácter preventivo, ya que los tratamientos son ineficaces en árboles ya infectados. Las aplicaciones de productos fitosanitarios deben realizarse antes de las primeras lluvias para evitar así la dispersión de las esporas fúngicas.

Como prevención de la seca de ramas hay que actuar muy cuidadosamente en la poda: debe aplicarse cicatrizante en los

Figura 5.11. Síntomas de *Botryosphaeria* spp. (seca de ramas).

cortes, no debe realizarse nunca con un exceso de humedad relativa y deben tomarse medidas profilácticas en las herramientas. En el momento que una rama se vea afectada hay que cortarla y destruirla sin incorporarla al suelo porque el hongo permanece estructuralmente en los trozos de las ramas.

Se puede aplicar tratamiento con oxicloruro de cobre, que es un fungicida permitido para tratamientos ecológicos.

Antracnosis

La antracnosis es una enfermedad que puede atacar a varios cultivos y es muy importante porque afecta directamente a la calidad de la fruta. La causa el agente patógeno *Colletotrichum gloeosporioides*.

Síntomas: Aparecen manchas de color negro en hojas jóvenes. Las flores se marchitan y caen formando un número muy inferior de flores y en los frutos jóvenes empiezan a aparecer manchas oscuras que se agrandan.

Control: Es una enfermedad frecuente, que afecta en gran parte al aguacate, pero no es difícil de controlar con algún tratamiento fúngico de cobre.

Esta enfermedad es un problema debido a malas prácticas agrícolas, como dejar los restos de poda. El hongo se queda sobre el terreno para germinar cuando las condiciones sean óptimas para su desarrollo; esto ocurre tras las lluvias, principalmente.

Pudrición de la raíz. Podredumbre blanca de raíz

La podredumbre blanca radicular es una enfermedad causada por el hongo *Rosellinia necatrix*. Los periodos críticos para el cultivo son los de máxima actividad radi-

Figura 5.12. Síntomas de antracnosis en hojas y en el fruto.

cular, que se da con temperaturas en torno a 22 °C. Esta enfermedad surge por el exceso de humedad, ya sea por riegos excesivos o por suelos con mal drenaje. Se deben espaciar los riegos y tratar la planta con fungicidas sistémicos.

El simple contacto de las raíces de un árbol enfermo con otro sano produce su infección a través del micelio, que poco a poco se irá extendiendo sobre el árbol sano.

Los síntomas en el sistema radicular se pueden identificar por la presencia del micelio blanco y un fuerte olor a humedad. En el caso de plantaciones adultas, las acciones más eficaces para combatir esta enfermedad son mediante medidas culturales tales como:

- Establecer barreras secas en torno a los árboles sospechosos para evitar el contacto de las raíces con los árboles sanos.
- La solarización del suelo durante el verano, que permite destruir, con las altas temperaturas, la mayoría de agentes patógenos.

Los síntomas de la parte aérea empiezan con la marchitez de las hojas apicales que se extiende hasta provocar la muerte total de la planta.

Mildiu

El mildiu es una peligrosa enfermedad causada por una plaga de hongos pertenecientes a los oomicetos. Es un hongo que se adentra en los tejidos de hojas, tallos y frutos, provocando deformaciones.

La primavera suele ser la época de incidencia más fuerte del mildiu. Uno de los síntomas de esta enfermedad en el aguacatero se observa en las hojas, al notarse la presencia de polvillo blanco o de color gris. En las plantas es muy fácil confundir el contagio de mildiu con la aparición de moho. Por lo tanto, debemos conocer muy bien los síntomas del mildiu para tener claro que se trata de este tipo de plaga: manchas marrones o polvo grisáceo que aparece en las hojas como causa de la asfixia por parte de los hongos.

Se puede tratar con fungicidas sistémicos, pero, como ocurre con la mayoría de plagas, una vez que afecta a nuestros culti-

Figura 5.13. Moho sobre aguacate debido a la presencia de esporas de hongos.

vos resulta más difícil controlarlas y acabar con ellas. Por eso es fundamental dedicar tiempo a prevenir el ataque del mildiu.

La familia de los hongos incluye varios géneros fitopatógenos que causan enfermedades en una gran variedad de plantas, principalmente de plantas leñosas, y son una de las principales amenazas en los cultivos de aguacate. Estos hongos pueden llegar a provocar enfermedades graves que afectan a su salud y producción, lo que puede tener como resultado la pérdida de rendimiento y de calidad de la fruta así como una muerte regresiva, muerte o necrosis descendentes de las ramas y chancro de las ramas o pudrición del fruto o del pedúnculo del fruto. Atacan a las hojas, que empiezan a enrollarse y se deforman, y aparecen manchas negras y grisáceas de forma irregular.

Euwallacea fornicatus (Eichhoff). Escarabajo de la ambrosía

Esta enfermedad es la nueva gran amenaza y está actualmente causando infinidad de quebraderos de cabeza en la Costa Tropical andaluza. El *Euwallacea fornicatus* es un escarabajo muy pequeño y difícil del ver. Es originario del Sudeste asiático. La Consejería de Agricultura, Pesca, Agua y Desarrollo Rural de la Junta de Andalucía ha declarado oficialmente la existencia de la plaga del escarabajo *Euwallacea fornicatus* en la comunidad de Andalucía tras confirmar su presencia en varias fincas agrícolas de Motril (Granada).

Es conocido como el escarabajo de la ambrosía. Este insecto afecta especialmente al árbol del aguacate al excavar galerías en las ramas de sus árboles, donde aloja unos hongos simbiontes que lleva en su aparato bucal. Su importancia y gravedad es que va asociado al hongo de la marchitez del aguacate por *Fusarium* sp. y, por lo tanto, se comporta como un vector de transmisión que hace que, finalmente, esta enfermedad acabe provocando la muerte del árbol (Junta de Andalucía).

El primer hallazgo de este insecto en la costa de Granada se produjo en 2023, en varias plantaciones ornamentales de Motril. En este momento se inició un protocolo estipulado para estos casos y se desplegó una red de trampeo por el término municipal.

Los agujeros del escarabajo penetran de 1 a 4 cm en la madera, de forma recta, terminan cerca del *cambium* y discurren paralelos a la superficie de la rama. El daño producido conduce al debilitamiento de dichas ramas y a su rotura, lo que favorece puntos de entrada de enfermedades o otras plagas. Los síntomas de marchitez de *Fusarium* sp. son un exudado de polvo blanco seco o húmedo rodeado por decoloración de la corteza externa en asociación con un agujero que es la única salida del escarabajo (Junta de Andalucía).

De esta forma, los productores que tengan sus fincas en las zonas demarcadas tendrán que realizar tratamientos fitosanitarios y prospecciones exhaustivas para determinar la presencia de este organismo nocivo. Asimismo, la Junta de Andalucía

señala que todos aquellos árboles afectados en una parte mayor de su copa serán arrancados y destruidos antes de 20 días contados a partir de la notificación de la resolución de la Delegación Territorial para que se tomen las medidas fitosanita-rias cautelares obligatorias a fin de que no haya riesgo de dispersión de este organismo nocivo.

Los restos vegetales de los árboles o arbustos afectados se destruirán de forma inmediata, preferentemente mediante tri-

Figura 5.14. Síntomas de antracnosis en hojas y en el fruto.

turación, y se les aplicará un insecticida con productos fitosanitarios autorizados por el Ministerio de Agricultura, Pesca y Alimentación. Posteriormente, estos restos deberán ser compostados, solarizados, quemados o enterrados en cal viva a más de 50 centímetros de profundidad.

Fusariosis

La fusariosis es una enfermedad fúngica causada por los hongos del género *Fusarium* spp. Es la enfermedad más temida por los aguacateros. Es un hongo que afecta al tallo y a las raíces. Produce la muerte del árbol y debe tratarse a tiempo, cuando se observen secreciones blancas en el tallo. Afecta a la raíz y se va extendiendo hacia el resto de la planta por el tallo, en el que se verá una especie de polvillo blanco. A menudo, cuando se detecta ya es demasiado tarde, pero se puede prevenir controlando los riegos y tratando la planta de vez en cuando con fungicidas.

Hongo *Gloeosporium*

Es frecuente el ataque a las hojas del aguacate de plagas causadas por un hongo de la especie *Gloeosporium*. Aparece sobre la hoja afectada que, por lo general, es dañada en la punta, de forma que la enfermedad causada se extiende poco a poco a toda la hoja hasta que esta cae.

Cuando el ataque del hongo se extiende puede llegar a provocar una defoliación severa y producir, finalmente, la muerte de ramas jóvenes. Si los frutos son pequeños, son más sensibles al ataque. No tener controlado el manejo de la plaga puede tener como resultado que se pierda toda la cosecha. Por otro lado, si los frutos están maduros, lo que produce son manchas de color café y la piel puede llegar a romperse.

Figura 5.15. Síntomas del hongo *Gloeosporium* en hojas y tronco llegando a la muerte.

Capítulo 6

COSECHA Y POSCOSECHA (CALIDAD)

6.1. Tratamiento durante la cosecha

En este momento es muy importante tener en cuenta los contenidos nutricionales que mejorarán una buena cosecha del fruto. En este sentido, el potasio es un macronutriente que marca la turgencia de las células y es un factor clave para la calidad del fruto. Una carencia de potasio provoca un retraso general en el crecimiento y un aumento de la sensibilidad, a futuro, a un posible ataque patógeno.

Asimismo, es esencial tener un adecuado nivel de calcio durante la cosecha, ya que es un elemento que proporciona al fruto la dureza y la consistencia que mejorarán su conservación.

El primer paso para la cosecha de cualquier fruto es su propia **recolección** siguiendo las técnicas necesarias y propias de cada cultivo, en función también del grado de tecnificación de la explotación.

En el caso del aguacate, situándonos en una explotación comercial, el siguiente paso es la **selección de los frutos**. En esta fase se efectúa el recorte de los pe-

Figura 6.1. Cajas de frutos recién recolectados.

dúnculos resultantes de la recolección, para homogeneizar el producto y para evitar que se dañen unos frutos con otros.

Igualmente, se realiza un **proceso de clasificación** de los frutos siguiendo criterios de tamaño y calidad. Según esta clasificación, los frutos se destinarán a un uso determinado o a un mercado en concreto: mercado nacional, importación, industria, etc.

La siguiente etapa poscosecha sería el **preenfriamiento**, consistente en dejar reposar el fruto fuera del árbol para que disminuya la temperatura propia del campo de cultivo. Este proceso se suele realizar durante 24 horas.

Según el destino del producto, se le realiza un **lavado** con agua y con una solución fúngica que posteriormente se deja secar. De esta forma, el fruto queda protegido para su almacenamiento y transporte y adquiere una apariencia brillante para el mercado.

El **empaquetamiento** del aguacate dependerá, igualmente, del destino. Teniendo en cuenta el alto valor de mercado de los frutos, este proceso se realiza con especial atención, para que los frutos no se dañen durante su manejo o transporte.

En cuanto al **almacenaje** de los frutos, hay que tener en cuenta que cualquier fruto, especialmente si se destina al consu-

Figura 6.2. Operario en la cooperativa agraria de Estepona (Málaga) distribuyendo los palets con la carretilla elevadora.

Figura 6.3. Agricultores en la cooperativa descargando los remolques cargados de cajas de aguacates.

mo, debe ser mantenido en cámaras de atmósfera controlada. Esto se debe a su elevada actividad respiratoria y a que, una vez separado del árbol, el fruto continúa su proceso madurativo y hay que hacer que llegue al mercado en óptimas condiciones de calidad.

El control de la temperatura de la cámara de almacenaje es de gran importancia. Se mantiene, de forma general para el aguacate, a unos 7 °C. En dichas condiciones, el fruto puede llegar a conservarse durante unas dos semanas.

6.2. Calidad

Se conoce como calidad, tanto en el marco de la fruticultura como en el de la agricultura en general, a los parámetros de control y de verificación del producto obtenido mediante el uso correcto de las prácticas agrícolas. Si bien los productores siempre han tratado de obtener los mejores productos y los máximos rendimientos de sus cosechas, solo hace tres o cuatro décadas que dichos parámetros se han empezado a estandarizar y a especificar según las múltiples normativas específicas para cada producto (parámetros que deben medirse, valores óptimos, rangos, etc.).

Dentro de la calidad, los productos para poder ser comercializados precisarán una serie de requisitos mínimos, a saber:

- No tener roturas.

- No tener enfermedades detectables a simple vista.
- Estar limpios y sin daños por plagas u otros factores.
- No tener olores impropios del producto.
- No tener daños causados por exceso o falta de temperatura.

• Tener el pedúnculo con un corte limpio y, en caso de no tenerlo, no tener daños en la zona de corte.

Una vez comprobado que el producto cumple los requisitos mínimos, se realiza

Figura 6.4. Aguacate con el etiquetado distintivo de maduración óptima.

la clasificación, que puede ser por calibre o categoría, y se conforman lotes homogéneos, aptos para su etiquetado, almacenaje y transporte a los mercados.

El almacenaje se realizará de forma que se eviten daños al producto, que debe quedar suficientemente protegido por el envase, y debe permitir la manipulación, el transporte, la conservación y su ventilación.

El etiquetado deberá, a su vez, cumplir unas características y contener una información determinada, como, por ejemplo:

• País de origen.
• Categoría comercial y calibre.
• Peso neto.
• Marcas de inspecciones según normativas.

Hay que tener en cuenta que todos estos parámetros vienen regidos por normativas. Por lo tanto, podremos encontrar ciertas variaciones según los mercados en los que se trabaje.

Está demostrado que la madurez en el momento de la cosecha está directamente relacionada con los índices de calidad ya mencionados para la poscosecha de los frutos, por lo que el propio proceso de calidad comienza con la elección del momento óptimo de recolección. Para esto se utilizan una serie de indicadores de madurez, como:

• Tamaño o calibre de los frutos.
• Brillo, color y tonalidad de la cáscara.
• Textura de la pulpa.
• Tiempo de desarrollo del fruto.

Figura 6.5. Diferentes formas de presentación en frutería y lineal del supermercado.

- Contenido en materia seca (21 % para la variedad *hass*, y 20 % para las variedades *torres*, *fuerte*, *pinkerton*, *edranol* y *reed*).
- Contenido en aceite.

Todos los parámetros varían según la variedad cultivada.

Como se ha mencionado anteriormente, el mercado del aguacate está experimentando un enorme crecimiento en el consumo mundial y, muy especialmente, en la mayoría de los países de la UE, en los que hay un aumento exponencial; en los países del norte de Europa hay subidas de entre 1 y 2,5 kg de consumo anual per cápita

Esto supone que, en los últimos cinco años, el consumo europeo ha registrado un crecimiento anual del 20% y esta ten-

Técnica para saber si un aguacate está en su punto óptimo de consumo

Figura 6.6. Etapas de maduración del fruto.

Amarillo=bueno   Marrón=pasado   Verde=muy duro

dencia sigue al alza, por lo que el cultivo de aguacate tiene mucho potencial. Por esto la industria dirige sus estudios a conseguir que la venta de la fruta se efectúe en su punto perfecto de maduración y calidad y que así el producto final llegue a los mercados en las mejores condiciones.

- Aguacate de la izquierda: marrón blanquecino, pasado-muy pasado, se ha pasado el punto óptimo de maduración.
- Aguacate centro: tono verdoso amarillento, bueno, está en el momento óptimo para comer.
- Aguacate derecha: amarillo, esta verde recién recolectado y aún le quedan unos días para poderse comer.

Figura 6.7. Diferentes estados de maduración de aguacates una vez recolectados.

Capítulo 7

APROVECHAMIENTOS, PROPIEDADES Y USOS GASTRONÓMICOS Y MEDICINALES DEL AGUACATE

En cuanto a las principales formas de consumo de aguacate, el grueso de la producción se destina a la comercialización en fresco y el resto a la obtención de subproductos elaborados y procesados como, por ejemplo, la salsa de guacamole.

No obstante, existe otra gran variedad de usos de otras partes de este llamado "superalimento", como, por ejemplo, la piel y el hueso, que se vienen ya utilizando en la actualidad y son continuo objeto de investigación con el fin de estudiar su máximo aprovechamiento. En este sentido, una posible fuente fundamental, objeto de estudio, es la procedente del destrío.

La frutas del destrío son las frutas o verduras que durante el proceso de selección han sido rechazadas para la comercialización en el lugar de empaquetado por estar mal formadas, inmaduras o afectadas por algún patógeno o por alguna circunstancia externa que cause manchas, rajas o incluso un tamaño que no cumpla los estándares.

En la industria derivada del cultivo del aguacate, las partes no comestibles del fruto dan lugar a una gran cantidad de subproductos que corresponden aproximadamente al 30% del peso total de la fruta.

En España se desechan aproximadamente 2.000 toneladas de hueso y piel de aguacate que van, en su inmensa mayoría, directamente a los vertederos de basura y, en el mejor de los casos, al cubo domésti-

Figura 7.1. Comercialización de guacamole procesado y elaborado por la empresa malagueña Frutas Montosa, especializada en el sector.

Figura 7.2. Aguacate y sus diferentes partes aprovechables.

co destinado a los restos de basura orgánica. Pero, en los últimos años, ya existen estudios que indican que esos desechos pueden tener un eficiente uso y ser una fuente muy importante de compuestos bioactivos, entre los que podemos destacar los compuestos fenólicos, carotenoides y clorofilas.

En este sentido, la revalorización de los subproductos del aguacate también está basada en la búsqueda de una economía circular que nos lleve a mejorar en la sostenibilidad medioambiental de una explotación agrícola.

7.1. Aceite de aguacate

La demanda de aceite de aguacate ha aumentado significativamente a medida que los consumidores reconocen sus posibles beneficios para la salud. Así, el aceite de aguacate es uno de los productos de gran valor obtenido de este fruto y se está comercializando con gran éxito en diversos sectores. Sin embargo, debido a la falta de normas aplicables, los consumidores no están protegidos contra el fraude y son muchos los estudios dedicados a este sec-

tor que se están llevando a cabo en los últimos años.

Existen estudios que muestran contenidos en la composición química de las semillas de aguacate con proporciones de valores y microelementos y nutrientes como: cenizas 2,25%, proteína 8,35 %, grasas 30,83%, carbohidratos 29,66 %, fibra cruda 3,76%, vitamina A 200,23 µg/100g, vitamina C 2,76 mg/100g, fitoesteroles, triterpenos entre otros (Figueroa *et al.*, 2018).

La harina de hueso de aguacate es fuente de antioxidantes y lípidos y favorece la hidratación de la piel. En los últimos años la industria cosmética ha favo-

recido y usado notablemente el aguacate como materia empleada, de forma cada vez más mayoritaria y extendida, en la elaboración de máscaras, *peelings*/exfoliantes y bálsamos. Aunque se usa el fruto en su totalidad, la mayoría de los nutrientes del aguacate, sin embargo, están contenidos en su pesado gran hueso, que es mucho más rico en aminoácidos, vitaminas y fibras solubles que cualquier otra fruta o vegetal.

A diferencia del aceite de oliva, su aceite contiene grasa insaturada, que aguanta temperaturas muy altas al momento de su cocción.

Figura 7.3. Ejemplos de las distintas formas de comercialización del aguacate.

Usos del hueso y la piel del aguacate

Principalmente debido al aumento del consumo y producción del aguacate, en los últimos años existe la necesidad de poner en valor y aprovechar el hueso y la piel de aguacate sobrante. En la Costa Tropical de Andalucía esto lleva estudiándose unos años. Diversas empresas y entidades pusieron en marcha el Grupo Operativo Aguacavalue con el objetivo de valorar los subproductos del aguacate para el desarrollo de alimentación animal y cosméticos. Este proyecto persigue la transformación de los residuos del aguacate, disminuyendo el impacto ambiental a través de la economía circular. El proyecto Aguacavalue se enmarca en el Programa Nacional de Desarrollo Rural 2014–2020, financiado por el Ministerio de Agricultura, Pesca y Alimentación.

Figura 7.4. Subproductos no carnosos (hueso y piel del aguacate).

La coordinación del proyecto engloba a varios sectores públicos y empresas, como el Centro de Investigación y Desarrollo del Alimento Funcional (Cidaf), del que forman parte también Grupo La Caña, la filial de Trops, Frumaco; Natac Biotech (especializada en I+D, producción industrial y comercialización de ingredientes naturales de origen vegetal), Macob (dedicada a la fabricación de piensos) y Cooperativas Agro-Alimentarias de Andalucía-Granada.

La producción agrícola implementa prácticas de economía circular para ser más eficiente y contribuir a la lucha contra el cambio climático como objetivo global. En el caso del aguacate, durante su proceso de producción y elaboración de alimentos procesados derivados, como el guacamole, se desecha mucho destrío que no alcanza los estándares de calidad necesarios. Estos subproductos suponen un problema de gestión, económico y medioambiental para esta industria, mientras que, potencialmente, podrían ser utilizados como fuente de compuestos bioactivos de alto valor.

El proyecto de economía circular del aguacate Aguacavalue persigue la revalorización de los subproductos del aguacate para alimentación animal, nutracéuticos y cosmecéuticos.

Los complejos nutracéuticos son productos provenientes de alimentos cuyas características nutricionales y funcionales proporcionan beneficios, contribuyendo así a mejorar la salud y, por tanto, reduciendo el riesgo de padecer enfermedades. Además, estos complejos pueden ir acompañados de otros componentes activos o nutrientes exógenos, como vitaminas y minerales.

Los complejos cosmecéuticos son productos concentrados que contienen ingredientes biológicamente muy activos que persiguen fines estéticos y que, al mismo tiempo, tienen una alta capacidad bioquímica sobre la piel.

Aguacavalue consta de dos líneas de investigación: por un lado el aprovechamiento de los subproductos del aguacate (piel y hueso) para la fabricación de compuestos de alimentación animal (piensos) con alto valor nutritivo, enriquecidos con bioactivos beneficiosos para la salud del animal, y, por otro lado, la investigación del desarrollo de cosméticos y nutracéuticos de alto valor añadido a partir del aguacate.

El interior de la semilla del aguacate contiene alcohol behenílico, un ingrediente utilizado en los remedios antivíricos; heptacosano, un compuesto químico que se utiliza para inhibir la reproducción de las células tumorales; y ácido dodecanoico, que ayuda a incrementar la densidad de las lipoproteínas y a reducir el riesgo de la arterosclerosis (endurecimiento de las arterias). El hueso del aguacate está repleto de elementos químicos que se utilizan, además, en la producción de materiales plásticos (como cortinas o telas) e industriales.

Figura 7.5. Detalle del hueso y la piel de aguacate.

El aceite de aguacate previene las arrugas, nutre, protege y suaviza la piel. Con su pulpa se preparan cremas para protegerse de la dermatitis.

Aprovechamiento del poder calórico del hueso de aguacate

Desde hace unos años, investigadores miembros de los grupos de investigación "Nuevas tecnologías aplicadas a la agricultura y medio ambiente" de la Universidad de Córdoba, junto con el departamento de Ingeniería Rural de la Universidad de Almería han demostrado el poder calorífico del hueso del aguacate y el aprovechamiento que esto supone.

El uso del hueso del aguacate es fuente de biomasa en el ámbito industrial o doméstico, de la misma forma que se están aprovechando para biomasa los huesos de la aceituna, las cáscaras de almendra o el pellet de madera.

Asimismo, la elevada proliferación de producción industrial relacionada con la fabricación de salsa guacamole hace conveniente utilizar el hueso desechado en su elaboración, ya que los resultados de un estudio publicado en 2016 por el investigador de la Universidad de Córdoba Alberto J. Perea Moreno, en el que se evaluaron distintos parámetros físicos, pusieron de manifiesto que el hueso del aguacate tiene un poder calorífico comparable a otros biocombustibles utilizados actualmente (Fundación Descubre: Fundación Andaluza para la Divulgación de la Innovación y el Conocimiento).

Las propiedades del agucate, sus beneficios y sus usos gastronómicos

El uso principal del aguacate es alimenticio. Es muy valorado debido a sus propiedades nutricionales, especialmente, a sus altos niveles de omega 3 y de otros minerales y vitaminas.

Es una de las frutas tropicales con más demanda por sus propiedades naturales. Su componente principal no es el hidrato de carbono, como en la mayoría de las frutas, sino que en este caso son las llamadas "grasas buenas", las grasas monoinsaturadas similares a las del aceite de oliva. Representan el 23% aproximado de su peso y son reconocidas como las grasas sanas. Es también una importante fuente de fibra.

Algunas de las propiedades y beneficios que se le reconocen al aguacate son:

- La forma acorazonada del fruto del aguacate podría ser un mensaje indirecto de que se trata de una fruta fundamental para la salud de nuestro corazón. Su consumo favorece un cambio de las grasas malas por las grasas buenas que está directamente relacionado con la reducción de los niveles de colesterol. Es rico en omega 3 y grasas saludables monoinsaturadas, en su mayoría ácido oleico. Reduce el colesterol malo (LDL) y aumenta el colesterol bueno (HDL). Favorece la síntesis de hormonas.
- Es rico en minerales como potasio, que cuida la presión arterial/hiperten-

Figura 7.6. Distintos empleos y maridajes del aguacate en la cocina (clásico guacamole, en tostada de mollete y en endibias con anchoas y limón).

sión, magnesio y manganeso. El potasio y el magnesio son nutrientes indicados para ayudar a los deportistas en los momentos de sobreesfuerzo.

- Indicado para dietas durante el embarazo y la lactancia. Es una fuente complementaria de energía y ácido fólico; un complemento vitamínico que ayuda, por ejemplo, en la prevención de nacimientos prematuros o en la formación del cerebro y la medula espinal. Igualmente, es rico en vitamina A, que favorece los huesos, piel y ojos del futuro bebé.

- Entre otras vitaminas destaca la E, que tiene acción antioxidante favorable para el retraso del envejecimiento. Contiene también otras vitaminas como las vitaminas C, D, K y las del grupo B, todas ellas fundamentales para las distintas funciones de nuestro organismo.

- Tiene un gran contenido en fibra que regula los niveles de azúcar en sangre.

Como se ha apuntado previamente, debido al gran auge experimentado en el consumo del aguacate, surgió la Organización Mundial del Aguacate (WAO en sus siglas en inglés). Se fundó con el propósito de promover el consumo del aguacate y en ella están representadas actualmente, como socios, los principales productores, exportadores e importadores de aguacates de Estados Unidos, México, Colombia, España, Perú, Zimbabue, Sudáfrica, Tanzania y Mozambique.

La propia organización ha difundido una ruta por España llamada *"La ruta del aguacate: dónde comer esta delicia"*. Se trata de una guía que ofrece información sobre dónde poder degustar esta fruta tropical. En esta reciente ruta culinaria figuran los restaurantes *The Avo* (en Frigiliana), *Avocado Love* y *Todo Avocado* (en Madrid) y *L'avocaterie* (en Barcelona).

La WAO tiene entre sus finalidades promover el consumo del aguacate por sus valores nutricionales y sus beneficios

para la salud. Su lema, "La fruta de la vida", pretende hacer visible la gran versatilidad del aguacate, que es un fruto apto tanto para niños como para personas mayores. Mucha gente incluso lo considera carne vegana, por su gran contenido en proteínas como la glicina, metionina, arginina, cistina o serina. El aguacate contiene 1,9 gramos de proteínas por cada 100 gramos; es uno de los ahora llamados por los medios "superalimentos" y es del gusto de todo tipo de público.

A continuación vemos la composición y los valores nutricionales del aguacate:

Cantidad por 100 gramos de porción comestible. (Fuente: Trops)

- Valor energético (kcal) 138
- Grasa (g) 14,2
- Grasas monoinsaturadas (g) 8,9
- Grasas polinsaturadas (g) 1,8
- Grasas saturadas (g) 2,9
- Hidratos de carbono (g) 0,8
- Azúcares (g) 0,8
- Fibra (g) 3
- Proteínas (g) 1,8
- Sodio (mg) 7

Figura 7.7. Mesocarpio carnoso, la carne del aguacate. La parte más común como comestible del aguacate.

Es un fruto calificado como alimento graso debido a que el aguacate tiene un elevado contenido en grasa monoinsaturada. Aunque la grasa monoinsaturada no es perjudicial para la salud, es una característica que debe tenerse en cuenta a la hora de planificar la alimentación y elegir el resto de alimentos, porque es una fruta calórica.

Teniendo en cuenta que un aguacate medio sin piel ni hueso pesa en torno a 200-300 gramos, vemos que:

Energía y fibra
Grasas monoinsaturadas 8,9 g (por cada 100 gramos)
Fibra 3 g (por cada 100 gramos)

Minerales

Manganeso
0,35 miligramos por cada 100 gramos

Potasio
o 522 miligramos por cada 100 gramos

Vitaminas

Vitamina B6
0,28 miligramos por cada 100 gramos

Ácido fólico
54 miligramos por cada 100 gramos

Vitamina E
1,9 miligramos por cada 100 gramos

Vitamina K
21 miligramos por cada 100 gramos

En los últimos años el llamado "corazón de aguacate", es decir, el hueso, se está utilizando en alimentación, en platos que lo llevan aplicado de forma pulverizada.

Además, la harina de hueso de aguacate se utiliza como remedio herbal para enfermedades vasculares, niveles excesivos de colesterol, inflamaciones y otras enfermedades. El alto contenido de antioxidantes hace que el hueso de aguacate sea un remedio popular para prevenir los efectos del envejecimiento. Se utiliza en sus países de origen de América Central y del Sur y ahora también en Europa.

El hueso molido aplicado en forma de harina lo hace muy fácil de digerir y contiene un alto contenido de compuestos bioactivos con propiedades antioxidantes. Estas sustancias activas incluyen ácidos

grasos poliinsaturados, polifenoles (biofenoles), vitaminas y aminoácidos y proteínas de origen vegetal.

Aprovechamientos del aguacate: cubiertos biodegradables a partir de plástico de aguacate

La fabricación de cubiertos biodegradables a partir de plático de aguacate se debe a unos estudios realizados por Scott Munguía, mexicano que estudió en el Instituto Tecnológico y de Estudios Superiores de Monterrey (México). Después de varios años investigando, en el año 2011 consiguió aislar un biopolímero con semillas de aguacate.

La empresa mexicana Biofase lo comercializó por primera vez. Se encarga de procesar los huesos del aguacate para transformarlos en polietileno (plástico) y producir bolsas y cubiertos de plástico, entre otros productos. Se trata de unas resinas biodegradables que se utilizan como plástico biodegradable y que pueden ser tratadas por todas las técnicas de moldeo de plástico convencional, reemplazando así a los materiales usados más habitualmente, como el polipropileno, poliestireno y polietileno.

Biopreparado: insecticida sencillo con semilla de aguacate

Otro posible uso a partir del hueso de aguacate es fabricar un insecticida orgánico y sencillo para plantaciones pequeñas de huerto. No es un desinfectante definiti-

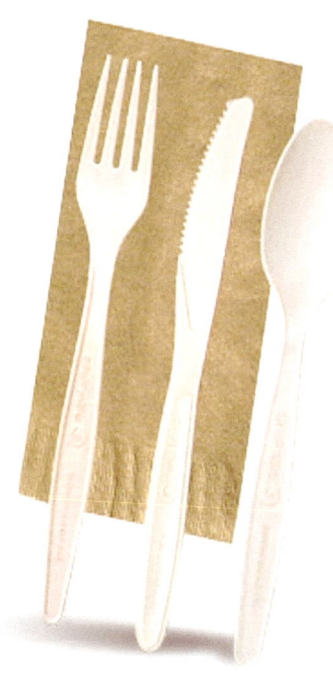

Figura 7.8. Hueso de aguacate y cubiertos biodegradables a partir del hueso de aguacate.

vo pero, gracias a los taninos que contiene el hueso de aguacate, puede servir para prevenir y ayudar a controlar los umbrales de los pulgones y también de algunos minadores de hojas y de la mosca blanca.

Los pasos que hay que seguir para la elaboración del insecticida biopreparado a partir de dos huesos de aguacate son los siguientes:

- Para su elaboración las semillas de aguacate deben estar completamente secas.

- Una vez secas, con un rallador se genera una especie de polvito grueso. También puede cortarse con un cuchillo en tiras lo más finas posible.
- La propia ralladura o las mismas tiras de hueso se dejan durante toda la noche en dos litros de agua previamente puesta a hervir.
- Una vez pasadas unas 24 horas la mezcla se filtra con un colador y se le añade a una garrafa de 10 litros de agua.

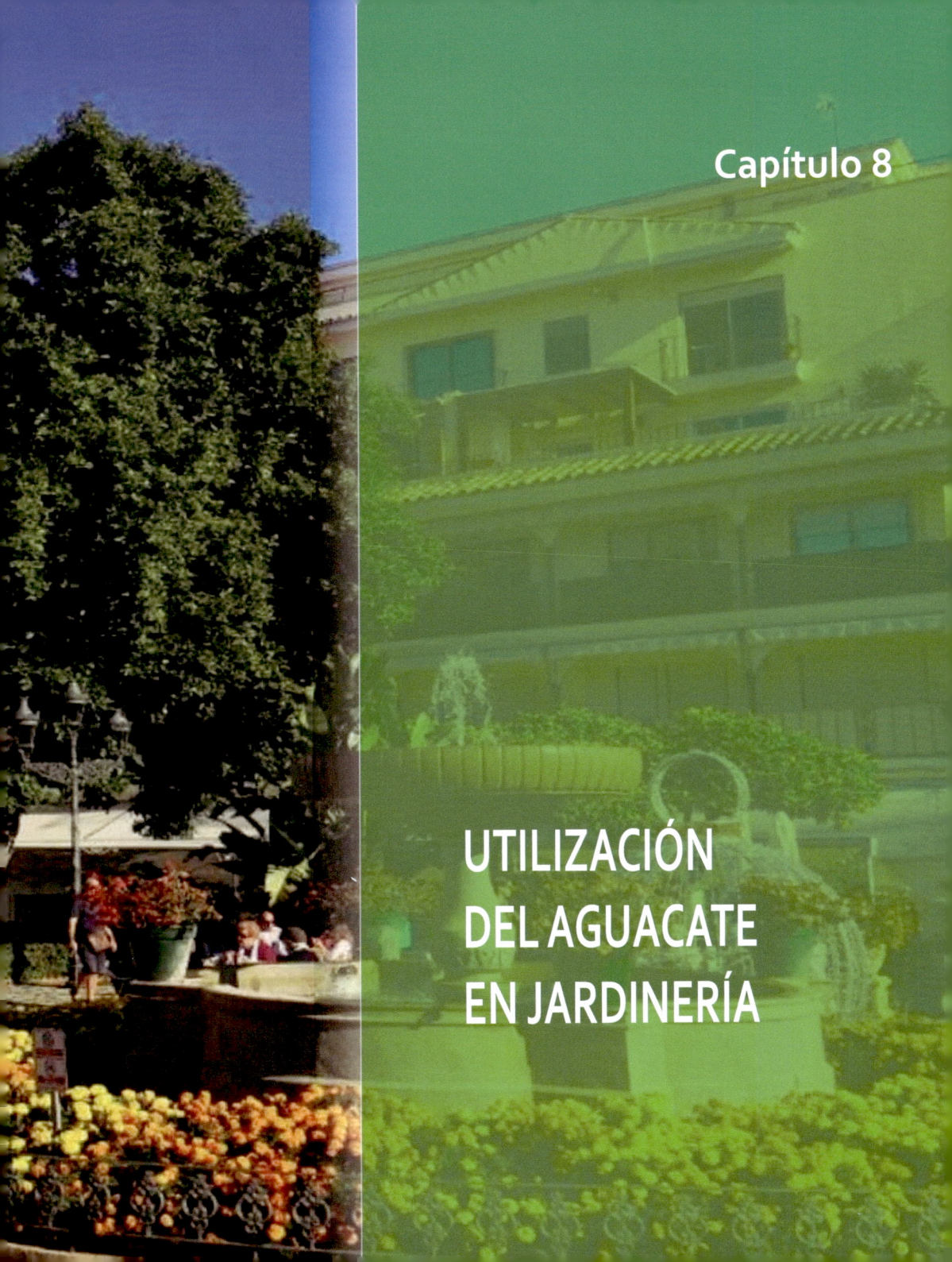

Capítulo 8

UTILIZACIÓN DEL AGUACATE EN JARDINERÍA

Aunque el aguacate es un árbol principalmente cultivado como árbol frutal para la obtención y el aprovechamiento de sus frutos, con la idea de comercializarlos dada su alta demanda, también se está utilizando mucho en zonas ajardinadas debido a lo estético de su figura y a la majestuosidad y vistosidad del árbol como pieza ornamental.

Sus enormes y verdes hojas permanecen en el árbol, muy frondoso a simple vista. Además se trata de un árbol con un buen crecimiento, por lo que, como árbol ornamental, cada vez se utiliza más en jardinería y el paisajismo. Se considera, en este sentido, una especie decorativa en plazas, terrazas o patios.

Su uso ornamental se debe principalmente a las propias características de la especie (amplias hojas, color y, sobre todo, amplia y redondeada copa). Especialmente se usa en zonas con características ambientales que hagan óptimo su cultivo, ya que con un clima que le sea

Figura 8.1. Ejemplar majestuoso de aguacate ornamental en la plaza de las flores de Estepona (Málaga).

tar un aguacate para tenerlo como planta decorativa de interior.

El aguacate, en los últimos 20 años, ha creado tendencia y se ha puesto de moda tanto para su consumo saludable como para tenerlo en casa. Así, aunque no sea lo ideal, cada vez más a menudo se cultivan aguacates en macetas a partir de los

Figura 8.2. Planta de aguacate en maceta decorativa para terraza o balcón.

benigno no requiere un manejo ni un mantenimiento muy complicados.

Aunque para que llegue a dar frutos es aconsejable tener el árbol en un patio o terraza soleados, también podemos plan-

Figura 8.3. Planta de aguacate obtenida a partir de un hueso decorando un bar de moda.

huesos de los aguacates que nos hemos comido.

Vamos a describir los pasos para la obtención de un aguacate en el interior de casa a partir del hueso:

- En primer lugar, sacamos el hueso de aguacate con cuidado para no dañar la piel que recubre al hueso y lo separamos de la carne.
- A continuación, lo lavamos con agua para retirar cualquier resto de carne que pueda estar adherido. Para germinar el hueso tenemos que colocarlo en un recipiente con agua dejando la parte puntiaguda hacia arriba evitando que esté completamente sumergido. Para ello nos podemos ayudar de unos palillos de dientes que clavaremos en la parte inferior del hueso y que servirán de patas para que el hueso se mantenga "a flote" en el agua, tal como se ve en la ilustración de la figura 8.4.
- Lo dejamos en un sitio soleado, cerca de una ventana o en cualquier otra área bien iluminada, con el fin de comenzar el proceso de enraizamiento y crecimiento. Es conveniente cambiar el agua cada semana y, si vemos que sale algo de moho por la parte superior del hueso, retirarlo con un trapo húmedo.
- Después de unas cuatro semanas, la raíz principal empezará a aparecer en la base del hueso y un poco más tarde se empezará a abrir el hueso.

El aguacate brotará en la parte superior y comenzarán a crecer las primeras hojas.

- Cuando las raíces ya son importantes y han alcanzado como mínimo una longitud de 10 cm, y en la parte superior del tallo han empezado a salir algunas hojas, nuestra planta está lista para ser trasplantada a una maceta.
- Retiramos el hueso germinado del recipiente, retiramos los palillos y lo pasamos a una maceta de unos 20-25 cm de diámetro con tierra vege-

Figura 8.4. Germinación de hueso de aguacate. Ilustración de Jorge García.

tal, enterrando el hueso de aguacate en la tierra de tal manera que la parte superior quede por encima de la superficie del suelo. Esto asegura que la base del tronco no se pudra bajo tierra.

- Hay que regarla lo suficiente como para mantener siempre húmeda la tierra, pero sin encharcarla. Si vemos que las hojas se ponen de color marrón en las puntas, es que nuestro árbol necesita más agua. Si las hojas se vuelven amarillas, el árbol está recibiendo demasiada agua y necesita que se le permita que se seque durante un día o dos.

Bibliografía y webgrafía

Agri-nova. (s.f.). *Engorde de fruto en cultivo de aguacate*. Recuperado de https://agri-nova.com/noticias/engorde-de-fruto-en-cultivo-de-aguacate/

Agrodiario.com. (s.f.). [Página principal]. Recuperado de https://www.agrodiario.com/

Agustí, M., Carmina, R., & Mesejo, C. (2022). *Fruticultura* (3.ª ed.). Ediciones Mundi-Prensa.

ALNSHOP. (s.f.). [Página principal]. Recuperado de https://alnshop.es/

Arenas Peregrina, A. (2016). *Fitopatología*. Editorial Síntesis.

Asociación Española de Tropicales. (s.f.). *La importancia del agua en la agricultura: Reflexiones en el Día Mundial del Medio Ambiente*. Recuperado de https://asociaciondetropicales.net/la-importancia-del-agua-en-la-agricultura-reflexiones-en-el-dia-mundial-del-medio-ambiente/

Astudillo-Ordóñez, C. E., & Rodríguez, P. (2018). Parámetros fisicoquímicos del aguacate *Persea americana* Mill. cv. Hass (Lauraceae) producido en Antioquia (Colombia) para exportación. *Corpoica Ciencia y Tecnología Agropecuaria, 19*(2), 383–392.

aguacavalue.com. (s.f.). [Página principal]. Recuperado de http://www.aguacavalue.com/

Bernal Estrada, J. A., & Díaz Díez, C. A. (2020). *Actualización tecnológica y buenas prácticas agrícolas (BPA) en el cultivo de aguacate*. Editorial Agosavia.

Biofase. (s.f.). [Página principal]. Recuperado de https://biofase.eu/

Bio-powder. (s.f.). *Hueso de aguacate*. Recuperado de https://www.bio-powder.com/es/hueso-de-aguacate/

Control de Plagas S.S. (s.f.). *Aguacate*. Recuperado de https://controldeplagass.com/aguacate/

Cultifort. (s.f.). *Aguacate: Tratamientos preventivos caída frutos*. Recuperado de https://www.cultifort.com/aguacate-tratamientos-preventivos-caida-frutos/

Ecoculture Biosciences. (s.f.). *Cultivos: Aguacate*. Recuperado de https://ecoculturebs.com/cultivos/aguacate/

Ecología Verde. (s.f.). *Antracnosis: qué es y tratamiento*. Recuperado de https://www.ecologiaverde.com/antracnosis-que-es-y-tratamiento-2227.html

Ecoinventos. (s.f.). *Bioplástico del hueso de aguacate*. Recuperado de https://ecoinventos.com/bioplastico-hueso-aguacate/

Fundación Descubre. (s.f.). *Hueso de aguacate para calentar el hogar*. Recuperado de

https://fundaciondescubre.es/noticias/hue-so-de-aguacate-para-calentar-el-hogar/

García Marí, F., & Ferragut Pérez, F. (2002). *Plagas agrícolas*. Ed. Phytoma España.

Gil-Albert Velarde, F. (1998). *Tratado de arboricultura frutal*, vol. III. Ediciones Mundi-Prensa.

Gil-Albert Velarde, F. (2019). *Manual técnico de jardinería. Establecimiento y mantenimiento*. Ediciones Mundi-Prensa.

Gordillo Rivero, A. J., & García Moreno, J. (2015). *Labores culturales y recolección de los cultivos ecológicos*. Ediciones Paraninfo.

Green, H. S., & Wang, S. C. (2020). First report on quality and purity evaluations of avocado oil sold in the US. *Food Control, 116*, 107328. Elsevier.

Ibáñez Ortuño, J. M. (2014). *Bases y fundamentos agronómicos*. Editorial Síntesis.

ICIA (Instituto Canario de Investigaciones Agrarias). (s.f.). *Aguacate*. Recuperado de https://www.icia.es/icia/index.php?option=com_content&view=article&id=4609:aguacate&catid=262&Itemid=100060

ICIA (Instituto Canario de Investigaciones Agrarias). (s.f.). *Botryosphaeriaceae* [Documento PDF]. Recuperado de https://www.icia.es/icia/download/publicaciones/Botryosphaeriaceae.pdf

Ideal, Periódico (Almería). (29 de abril de 2024). *Combatir el hongo aéreo del aguacate para reducir su incidencia*. Recuperado de https://www.ideal.es/almeria/agricultura/combatir-hongo-aereo-aguacate-reducir-incidencia-20240429112308-nt.html

Jordán López, A. (2005). *Manual de edafología*. Departamento de Cristalografía, Mineralogía y Química Agrícola, Universidad de Sevilla.

Junta de Andalucía (RAIF). (2023). *Boletín Informativo Euwallacea fornicatus* [Documento PDF]. Consejería de Agricultura, Pesca, Agua y Desarrollo Rural. Recuperado de www.juntadeandalucia.es/agriculturapescaaguaydesarrollorural/raif/wp-content/uploads/2023/09/BOLETIN-INFORMATIVO-Euwallacea-fornicatus.pdf

Junta de Andalucía (RAIF). (s.f.). [Página principal]. Recuperado de https://www.juntadeandalucia.es/agriculturapescaaguaydesarrollorural/raif/

Koppert. (s.f.). *Marchitez vascular*. Recuperado de https://www.koppert.es/enfermedades-de-las-plantas/marchitez-vascular/#:~:text=Fusarium%20oxysporum%20es%20la%20especie,cuando%20se%20cortan%20los%20tallos.

Koppert. (s.f.). [Página principal]. Recuperado de https://www.koppert.es/

La Huerta de Pancha. (s.f.). *Comprar Aguacates*. Recuperado de https://lahuertadepancha.es/comprar/aguacates/#reviews

López Gálvez, M. Y., & Moreno Vega, A. (2015). *El granado. Variedades, técnicas de cultivo y usos*. Ediciones Mundi-Prensa.

Maroto Borrego, J. V. (2008). *Elementos de horticultura general*. Ediciones Mundi-Prensa.

Martínez-Ferri, E., Moreno-Ortega, G., & Pliego Prieto, C. (2021). *Manejo sostenible del riego en el cultivo de aguacate*. IFAPA.

Norma del Codex para el Aguacate (CODEX STAN 197-1995). (s.f.). [Norma técnica]. FAO. Recuperado de https://www.fao.org (Se agregó la fecha de consulta/edición de la norma, y la URL es la del sitio principal).

Pliego et al. (2016). *Principales podredumbres radiculares del aguacate en el litoral andaluz*. IFAPA.

portalfruticola.com. (s.f.). [Página principal]. Recuperado de https://www.portalfruticola.com

Porta, J., López-Acevedo, M., & Roquero, C. (1999). *Edafología para la agricultura y medio ambiente* (2.ª ed.). Ediciones Mundi-Prensa.

Robledo, J. D. (1997). *Historia del aguacate español*. Capitel Ediciones, S.L.

ScienceDirect. (s.f.). [Artículo científico general]. Recuperado de https://www.sciencedirect.com/science/article/abs/pii/S0016236116308493

Syngenta. (s.f.). *Plagas*. Recuperado de https://www.syngenta.es/plagas

Torres, E., Perera, S., Ramos, C., Álvarez, C., Carnero, A., Boyero, J. R., Vela, J. M., Wong, M. E., & Hernández, E. (2018). *Avances en el manejo integrado de Oligonychus perseae Tuttle, Baker & Abatiello en Canarias*. Instituto Canario de Investigaciones Agrarias.

Vergés, M., & Torres, M. (2020). *El aguacate: Fresco y saludable*. Ediciones Lectio.

Villarías, J. L. (2000). *Atlas de malas hierbas*. Ediciones Mundi-Prensa.

Viveros Brokaw. (s.f.). [Página principal]. Recuperado de https://www.viverosbrokaw.com/brokaw/